教育的本质是生命教育

丙申初冬　　顾明远书

国家社会科学基金（教育学）一般项目
"生命教育学科建构研究"（BAA140017）

王定功 —— 著

生命教育诗语

有所思

教育科学出版社
·北京·

出版人　李　东
责任编辑　闫　景
版式设计　杨玲玲
责任校对　贾静芳
责任印制　叶小峰

图书在版编目（CIP）数据

生命教育诗语．有所思 / 王定功著．—北京：教育科学出版社，2018.9
ISBN 978-7-5191-1640-8

Ⅰ.①生… Ⅱ.①王… Ⅲ.①人生哲学—通俗读物 Ⅳ.①B821-49

中国版本图书馆 CIP 数据核字（2018）第 203373 号

生命教育诗语　有所思
SHENGMING JIAOYU SHIYU　YOU SUO SI

出版发行	教育科学出版社			
社　　址	北京·朝阳区安慧北里安园甲 9 号	市场部电话	010-64989009
邮　　编	100101	编辑部电话	010-64989593
传　　真	010-64891796	网　　址	http：//www.esph.com.cn
经　　销	各地新华书店		
制　　作	北京金奥都图文制作中心		
印　　刷	北京玺诚印务有限公司		
开　　本	150 毫米×230 毫米　16 开	版　　次	2018 年 9 月第 1 版
印　　张	10.75	印　　次	2018 年 9 月第 1 次印刷
字　　数	77 千	定　　价	108.00 元（共 3 册）

如有印装质量问题，请到所购图书销售部门联系调换。

序一：人生如诗

我不是诗人，也不会写诗，但觉得人生如诗，人总是生活在诗境中。诗是人的心声，是时代的心声，更是民族的心声。可以说，一个民族没有自己的诗歌，这个民族就不复存在。我们每一个人都离不开民族的情怀、时代的气氛，都会有个人的悲欢离合。一般人只能用表情、语言、行为来表达。诗人能够把这些情怀、气氛、悲欢离合用诗歌的形式表达出来。

教育其实也是一首诗。教育的本质就是提高人的生命质量和生命价值。提高生命质量是使人的生命更精彩；提高生命价值是使人能为所有生命做贡献。"为天地立心，为生民立命，为往圣继绝学，为万世开太平"，就是生命的价值。教育就是生命发展成长的诗。

王定功提倡生命教育，不仅有理论著作、实验教材，而且用诗语来抒发他对生命教育的情怀。实在难能可贵。我不懂诗，应他要求，

我为这三册书写几句话，是为序。

顾明远

2017年2月28日
于北京师范大学英东楼

（顾明远，中国教育学会名誉会长、国家教育咨询委员会委员、北京师范大学资深教授）

序二：生命教育的诗意言说

广义的生命教育的源头，可以追溯到孔子和苏格拉底的时代，千载绵延，代代损益，薪尽火传，生生不息。孔门弦歌施教，"浴乎沂，风乎舞雩，咏而归"描绘的不正是生命教育的唯美情景吗？苏格拉底一袭敝袍赤脚站在雅典街头用"助产术"指导雅典青年，柏拉图降尊纡贵追随寒门老师，亚里士多德与逍遥学派师生漫步苹果园纵论天下大事，不也正是生命在场的教育故事吗？一定意义上说，一部中西方教育史不过是生命教育与非生命教育在不同时空的对垒、演变与抗衡。在我们看来，不断健全完善的生命教育才是真正的教育。

现代意义上的生命教育大致始于20世纪初，美国哲学家、教育家杜威教授提出了系统的实用主义理论，其中"从做中学"的系列观点就包含着杜威的"生命整体存在论""经验方法"及"探求逻辑"等诸多关乎教育当事人生命发展的观点。陶行知先生是中国现代意义上的生命教育研究和实践的首倡者。20世纪初，陶先生师从杜威教授，1917年学成归国，在国内首倡"Life Education"，直到1946年辞世，他将全部精力投入其中。但出于种种考虑，先

生当时并未将其翻译成"生命教育",而是翻译成"生活教育",他的思想也被后来的研究者们概括为"生活教育理论"。其实,无论"生命"还是"生活",在英文语境里大致都表述为"Life",在汉语中"生活"也无异于"生命"的展开过程,从来没有外在于"生活"的"生命"。深味陶先生生活教育理论,其间所包含的生存教育、健康教育、养生教育、社会责任教育、人格教育、终身教育等思想,无不折射着生命教育的理论光辉。杜威教授提出"学校即社会",试图吸收社会的所有方面并将其融入一所小小的学校;陶先生提出"社会即学校",寻求的是将学校的所有方面延伸到大千世界。杜威教授提出"教育即生活",主张"做中学";陶先生提出"生活即教育",主张"教、学、做合一"。陶先生提倡教师"千教万教教人学真",提倡学生"千学万学学做真人",直接触摸到师生生命发展的脉搏。在《从烧煤炉谈到教育》一文中,陶先生满怀深情地写道:"教育的使命是什么?不是放茅草火!不是灭茅草火!是要依着烧煤的过程点着生命之火焰,放出生命之光明。中国教育的使命,是要依着烧煤的过

程,点着中华民族生命之火焰,放出中华民族生命之光明。"

20世纪末21世纪初,生命教育在我国渐渐热了起来。我看重并倡导的生命教育突出了情感教育这一方面,1990年起不断强调情绪情感是生命的基本表征,是生命的重要机制以及一个人生命素质的"内质性"保障。我以此为学术基础和教育理念,分别在供职南京师范大学、原中央教育科学研究所以及担任中国陶行知研究会会长期间,以很大的热情推动生命教育的研究、实验与普及(包括宽泛意义和专指意义的)。我的第一位博士生刘次林1997年撰写《幸福教育论》,我的另一名博士生刘慧2000年撰写《生命德育论》,后来不断有博士生的论文选题与"情感—生命"的基本概念、命题相关。与此同时,叶澜先生创立了"生命·实践"教育学派,与她团队的李政涛、李家成、卜玉华等学者把生命教育研究与中小学教学实践做了很好的对接。刘济良试图构建"生命教育论"的理论体系,刘志军、王北生、李桂荣的研究指向生命教育的视域扩展和校园关涉。张文质、冯建军、石中英、黄克剑等提出"生命化教育"。

王鉴、夏晋祥等提出构建生命课堂的思想。刘铁芳、肖川、郑晓江、欧阳康、何仁富、汪丽华、赵丹妮、袁卫星以及港台的孙效智、纪洁芳、钮则诚、林绮云、吴庶深、张淑美、郑汉文、汤锦波、何荣汉等学者也从不同维度对生命教育进行了深刻的研究，提出了一系列有价值的思想。中华大地，藏龙卧虎；十步之内，必有芳草。各地学者和一线教师对生命教育的研究和实验风起云涌，怒涛排壑。这一切必将载入中国生命教育的发展史册。

生命教育的研究和表述可以有也应该有多种维度。王定功所著的《生命教育诗语》，试图以诗歌的语言对生命教育进行言说，这是一件非常值得鼓励的事情。

王定功是我国生命教育研究团队中的一名重要学者。他是著名教育家顾明远先生指导的博士后，我愿意视他为同侪和知音。在首都师范大学儿童生命与道德教育研究中心成立大会上，我与定功首次相遇，那天我做了一个关于陶行知生命教育思想的演讲。而首都师范大学新成立的这个中心，其主任由我指导的博士生刘慧担任，当时她已是初等教育学院的副院长、教授、博士生导师。午餐时定功与我相邻而坐。那段时间我的健康状况不是很好，定功不知怎么就看出来了，他关切地建议我"枫红荻白，云肥风瘦，正是中秋时节，建议先生出去走走，比闷在家里的好"。他穿着虽稍稍寒素，但谦和温文、儒雅脱俗，简直像是从唐宋穿越而来！

我慢慢了解到，王定功是一名厚积薄发、大器晚成的学者。他曾做过16年的中小学教师、教育行政官员。2007年，他赴北京师范大学教育学部教育学原理博士课程班学习；2008年，他考入北京交通大学人文学院，师从哲学家路日亮教授攻读博士学位；2011年，他又进入了北京师范大学教育学部博士后流动站，师从著名教育家顾明远先生从事博士后研究。近几年，王定功十分专注地进行生命教育的研究和教学，先后从不同维度向生命教育"包抄"过去，对生命教育的源与流、理论与实践都"弄弄清楚"（顾明远先生语），为我国方兴未艾的生命教育提供助力。

王定功于2011年在上海交通大学出版社出版专著《青少年生命教育国际观察》，这部书被《中国教育报》评为"2011年影响中国教师的100本图书"之一；2012年在上海交通大学出版社出版专著《青少年道德教育国际观察》，这部书使作者进入"上海交通大学出版社建社30周年作者墙"；2013年在教育科学出版社出版专著《生命价值论》，这部书被评为河南省2014年教育科学研究优秀成果奖特等奖和2016年第五届全国教育科学研究优秀成果奖三等奖。假以时日，著述等身于他并非不可能。他发表在《教育研究》的学术论文《生命课堂的基本特征和建构路径》等，使他成为中国知网生命课堂主题搜索排名第一的学者。这篇论文也标志着王定功对生命教育的研究维度从生存哲学经教育哲学正式转向课堂教学，从阳春白雪转向普罗大众，从仰望星空转向漫步大地。

王定功在学术上具有多方面的兴趣和成就。最难得的是，在生活中他洁身自好，对真、善、美、圣有着虔诚的信仰和坚定的追求，不啻"浊世佳公子，翩翩一书生"。尤其是他在科研合作中低调从容，"重言勿泄，少任敢专""重情重义，生死相许"（台湾同行纪洁芳教授语）。江西师范大学生命教育研究专家郑晓江教授辞世，定功独坐书窗三天不食不语，那段时间他

的QQ签名换成了"愿我的死，换他的生"。而他俩见面不过三次而已！

《生命教育诗语》送审稿前已送来，由于健康的原因，我时断时续地阅读，读的不多，但越读越喜欢。整本《生命教育诗语》以一种生命共同体的视角直面"天地人神四方共舞"的世界，歌咏自然万物，赞美成长着的事物，吟唱人间的美好情感，探问生死哲思理路，展示书生报国情怀，褒扬真善美圣，表达生命教育的学术致思。若用一句话评价《生命教育诗语》，那就是：天地人心的深情探问，生命教育的诗意言说。

其实，生命教育关乎每一个人，每一个人都在用自己的方式践行生命教育，发出"生命诗语"。我本人自1986年进入道德情感、情感教育研究领域之后，便对情感与道德、情感与生命的关系越来越敏感和在意。用情感—生命之"眼"去看教育、观道德教育、做教育研究竟成了我的个人学术偏好。回想自己从40岁起，就有不同的肿瘤疾患来袭，饱尝了大手术和化疗之苦。可以说，30年来，如何对待生命，如何处理生命与工作的关系，一直是我个人真切的人生课题。生命之脆弱与生命之坚韧这相左相反、交相混合、反反复复的复杂情绪感受总是随着身体状况的起落变化，每每考验着自己最真实而无法逃避的生命态度。我似乎是懂得了生命实在值得珍惜，的确应当珍爱生命！可珍爱生命并不是惧怕死亡，也不一定真能做到不惧怕死亡。自觉的死亡教育在我们这里还是十分缺失的。癌症给人带来的不只是痛苦——尽管那痛苦常如剜心蚀骨，它还会让人零距离地直面生死大限，思考"生从何来，死向何去，我是谁"的问题，思考如何把握生命中的每一天，把最值得做的事情做好，尽最大努力提高生命的质量（肉身的与精神的）。因此，我特别感谢生命教育和现代医疗，前者给了我对生命的认知和勇气，后者给了我身体有效的疗救和保护。不久前，我又度过一次生命危机，现在出院了，重新走在阳光下，坐在书斋里，享受生活的馈赠。

恰逢此时，看到王定功奉献生命教育大作，捧读、吟哦这部《生命教育诗语》，是一件令人愉悦的事情。天地春回，鸟儿叩窗，丁香快要开放了吧？我从心底里感恩生命，感恩所有

热心生命教育、给无数人们带来生命智慧和力量的人。

斯为序。

朱小蔓

2017年3月5日
于南京师范大学随园

（朱小蔓，中国陶行知研究会会长、俄罗斯教育科学院外籍院士、北京师范大学教授，曾任南京师范大学副校长、原中央教育科学研究所所长兼党委书记）

目录

MULU

1 / 天籁集

43 / 樽酒集

65 / 古树集

111 / 初月集

150 / 跋一：诗，应成为国人的信仰

153 / 跋二：且凭樽酒唱俪歌

天籁集

1

天籁吟歌,

日月星辰起舞。

世间的人儿呀,

请打开窗子,

让天外的风儿吹来。

2

这个世界如此令人惊喜!

晨光下花瓣上的露珠,

无意间折射出神圣的秘密。

千山和万水,

在苍茫中渐渐显露永恒的真实。

此岸与彼岸心桥飞架,

精神与自然握手言和,

梦幻与现实相看心通,

众生与万物共享欢喜。

3

诗人啊,请歇息一下吧。

那春流的叮淙,那夏虫的呢喃,

那秋雁的唳鸣,那冬雪的缄默,

比你的吟唱更为动听呢!

4

哲人呀,这回你相信了吧?

春天的清晨,秋日的黄昏,

人们俱惊讶于这清新、这斑斓,

谁有暇听你絮絮叨叨的阐释呢?

5

学者,停下激烈的论辩吧。

你看那青山默默,你听那深湖无言,

还有那四季循序更迭,还有那玉宇斗转星移。

6

春水,

你是大自然的眼泪,

因着人儿愁苦,

一世雨打风吹。

繁星,

你是大自然的眼睛,

看破宇宙的晦暝,

眺望光明的前程。

7

最古旧的,

是这方蓝天。

最清新的,

也是这方蓝天。

8

躺在草地仰望天空,

遥望那无边的蔚蓝,

心中也有一方苍穹啊,

与外面的苍茫一样浩瀚。

9

风在飞扬,云在流动,

山在开花,水在歌唱。

而承载这一切的宇宙呢,

只有默默包容罢了。

10

把笔儿扔了吧,眼前有景道不得。

把口儿闭了吧,心中有情说不出。

11

亲爱的朋友,

请停下你的口若悬河。

让我们一起沉默,

眺望日月的升沉,

聆听潮汐的起落。

12

凝视一颗露珠,

在凉意沁人的拂晓。

她盈怀着苍穹所有的神秘,

凡俗的我又怎能尽知?

13

我独自走在竹林的深处,

嗅着沁人的竹香,

听着万千生灵的窃窃私语。

14

我心爱的朋友,

莫听我在书斋中的轻吟,

请感受那枫红荻白,

云肥风瘦,

和这天地间万千生命的歌唱。

15

幽谷的百合,

今天我来拜访你,

并告诉世人你的美丽。

16

对着这大千世界,

无际的苍苍茫茫,

我只有轻轻摇头,

浅浅微笑吧。

17

银河系也不过是宇宙万千星系中一个不起眼的部分。

狂人啊,安静下来吧,

做回你自己。

18

溪水在深谷的涧里奔流,

无人捉摸她的旋律。

我且舞以拉丁的轻快,

满心想赢得她的青睐。

19

林中的寂静,

恰通过万籁表达。

而千山之上的月儿啊,

只保持永恒的缄默。

20

晚林深处的神秘,

我只能倾听她轻柔的吟唱,

却无法触及她幽深的灵魂。

21

高山下,大海前,
我还能说什么呢?
只有默想罢了,
只有敬畏罢了,
只有膜拜罢了。

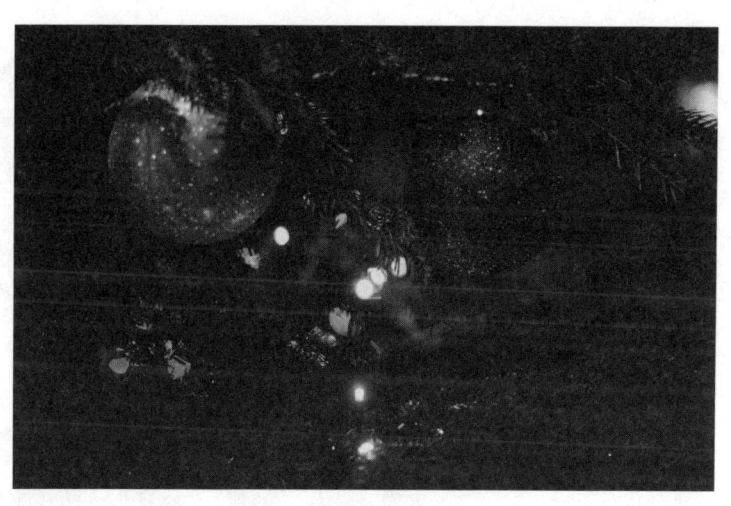

22

霓虹灯,你演绎了天空的绮丽。
明知你只说着虚无缥缈的故事,
可为何我还是神为之夺,心为之往?

23

冷硬的地壳下，

多少温存的暗流？

沉默的外表里，

多少炽热的情感？

24

黎明的清露啊，

你是飞来凡间的天使。

是你那撼人心魄的美，

使我"皈依"了。

25

俯瞰中的千山万水,

与沉思里的万水千山,

都是一样的雄奇浪漫吗?

26

聆听自然的话语,

不只用眼,

不只用耳,

更要用心。

因为它最深刻的情丝,

常藏于最深的幽明。

27

晚霞中的一点鸥影,

在黑山之侧,在白水之上,

完成了自然的画作。

28

夜风逆袭，衣袂飘飞。

谁在危岩独倚，眺望尘世的灯火？

雨丝风片，寂寞画船。

我的朋友，向来诗中的江山，

好过现实的江南啊！

29

注目一簇小花，

震惊于寻日里风驰电掣时的愚蠢。

脚步慢下来吧，

让自己的生命与这一方诗的世界交融。

30

清纯如少女般圣洁的明月啊!

你从开辟鸿蒙,经亿万斯年,

见证了几许悲欢离合,

包容了多少是非善恶。

31

寒塘,有鹤影掠过。

唐宋的诗魂,

遗落在这泠泠冷月之下,

氤氲花香之中。

32

造物主,谁许你一支画笔?

随手一挥,

即有云朵绚烂,湖光明媚,

小伙儿如山英挺,姑娘如花美丽。

33

天上,一湾银河。

人间,一湖星辉。

面对如此美丽天地,

却为何,却为何,

你又在风前落泪?

34

四野拉开无垠的大幕,

风从天上邀来天籁的交响。

光与影相互追逐,

万千生灵应节而舞。

天地如此寥廓,

你为何独坐自设的囹圄,

郁郁寡欢呢?

35

未名的花朵,是否为了你我的这次邂逅,

各自准备了几世几劫?

你既不忍枯萎,我亦不忍离去。

36

珍珠鸟,迅捷穿梭在花丛林间。

是你惊扰了我,还是我惊扰了你?

你的歌既然不是为了我,

那请允许我一个人独坐。

37

谢谢你,谢谢你赐予的银色月光。

谢谢你,谢谢你赐予的闪烁星斗。

还有这芳草,这林木,

以及林子那边的千山万水。

我生活在这美丽剔透的世界中,

却浑浑噩噩而未觉察。

我整日与你相伴,

却又四处漂泊着找寻你。

38

信步蓬莱岸边,吉光流连,云影徘徊。

鸥鸟翔集,山海环侍。

游人簇簇,歌声起落。

我爱这尘世的风景,尤甚于缥缈的烟霞。

我羡这当下的幸福,远甚于未知的来生。

谢谢你,我只盼着靠在树上做片刻的小憩,

你却殷勤地用繁花密叶敷设座位。

我只盼着饮一杯清水解渴,

你却热情地斟酌美酒。

我只盼着听一苇芦笛,

你却安排恢宏的交响曲。

40

痴人儿呀，你没有感知天的倾诉吗？

当飓风吹起大浪，

当月光氤氲花园，

请不要闭上你的眼、捂住你的耳朵。

41

微风中的云，云朵中的风，

在做着怎样的游戏呢？

一会儿神马奔突，

一会儿静静依偎。

42

鸽哨清远嘹亮，

而我的心却在揪着。

不要有凶猛的鹰隼，

不要有突袭的雷雨吧。

只愿湛湛青天，

亦可偶尔飘来朵朵白云。

43

独坐千峰之巅。

这一侧是——科学、实证、逻辑、推理的乱石,

冲突、冰冷、结果漠然;

那一侧是——艺术、浪漫、宗教、神性的云朵,

旖旎、缥缈、凌乱、云遮雾绕。

夕阳西下,谁人断肠?

黑暗铺天盖地,我已无路可逃。

44

一个人，一条路，

一片林，一方岭，

一座山，一域天空，

一域天空，一座山，

一方岭，一片林，

一条路，一个人。

45

有人期待圆月，有人憎恨圆月。

有人盼着月圆，有人盼着月缺。

有人赞美，有人诅咒。

朋友啊，圆月只有一轮，

她居于最高的云朵之上，青天一侧。

46

天是调皮的小伙,地是可爱的姑娘。

天用日月星斗,组成伟丽的战阵。

地用千山万水,构成绚烂的画图。

47

春光里怒放的百花,是我生命的吐艳。

夏日里上涨的河水,是我生命的泛滥。

秋色里枝头的硕果,是我生命的沉思。

冬天里纷飞的雪花,是我生命的休闲。

48

花儿呀,你的秘密只有我知晓,

我的心事也只有你知道。

互守秘密吧,

就这样默默无语,

相对微笑。

49

别嫉妒春花的妩媚,

别艳羡秋叶的华美,

那都是自然的安排呀。

50

花谢的时候,

新叶一如雏鸟,

迫不及待飞出。

叶落的时候,

红果一如羞嫁的处子,

还恋着枝头。

可是春秋的变换,

一如这潮汐呀,

潮落还起,潮起还落。

51

七彩的色丝,织起幻境的披纱。

万千的欢愉,给我自由的拥抱。

春风秋雨,斟满愉悦的酒杯。

纵横的幻想,燃起绮丽的光明。

52

花儿初开时,你不知晓,

你只为琐事皱眉。

花儿正艳时,你未觉察,

你正在尘世奔波。

花儿叹息着凋零了,你才惊觉。

可是我可怜的朋友,

你已错过了怎样一个万紫千红的季节啊!

53

造物主是一位醉客吗?

醉意浸透了 TA 的画笔,

在这青天之上山水之间随意涂抹。

于是万紫千红开遍,

于是拂晓黄昏斑斓。

54

无边的春色里,

我变成了一棵树,

站在你必来的幽径。

55

春天的鸽哨,

依次叫醒迷人的花朵,

新叶如群鸟振翅般作势欲飞。

解冻的河水,

就像我的心潮一波一波地泛滥了。

莫辜负这骀荡的春光吧,

莫错过花月的氤氲。

莫再和羞走吧,

莫轻掷了几世几劫的预备。

56

独坐万山之间,

四顾苍苍茫茫。

且凭一杯春露,

我向天地举杯。

57

傻就傻吧,在这无边春色里,

就傻成一棵树,也让我有权利快乐。

迷恋这棵树,又向往那丛花。

沉醉在无边的春色里,

人人都成"好色之徒"了。

58

紫藤萝,瀑布似的倾泻。

这寂寞的山谷,顿时热闹了。

我迷失在花林间,沉醉在花香里。

就让我一直醉着吧,我不愿醒来。

59

真正的凉爽只在夏日,

荷塘上的风穿过柳帘,

送来群鸟的歌声。

它们在歌唱生活的美好吗?

60

秋晚,

谁与我偕行?

唯有白露冷冷,

幽泉泠泠。

61

秋风弥漫四野,

秋意八方纵横。

谁在林间悲吟?

无益呀,不如赏看,

不如聆听,

不如发呆吧。

62

古今同赏,

一轮明月。

古今同慨,

一山秋声。

63

诗人,请搁开你的诗笔,

陪我一起看秋水,

默默享受粼粼微波,

给予的万千温柔。

64

草间的秋虫啊,

呢喃里有着怎样的忧伤?

秋风起来了,

我多么怜惜你们的歌唱。

65

万千秋色,寂寞地绽放。

万千旅人中,

谁是默默伫立、伫立又惆怅、惆怅而落泪的知音?

66

秋日黄昏,别样的美。

听,一枚落叶的叹息。

风从林中,送来莫名的香。

漫天的落叶,飞旋和着歌的节奏。

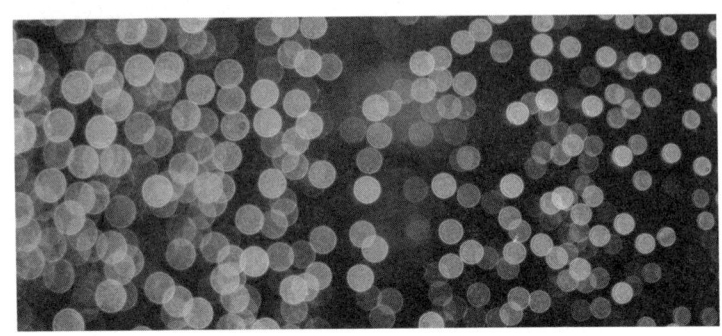

67

不忍夜半独醒,

不忍醒来听风;

不忍恰在山寺,

山寺秋叶飘零。

68

在万千的秋色中,

最怜惜那一枚飘零的黄叶。

在万千的天籁里,

最怜惜山那侧悠长的悲歌。

69

桂花洒落,

幽影往来。

岭头的弦月啊,

你来,你来,

照彻这神秘的世界。

70

秋风啊,你是画家吗?

以天地为布,以秋色为笔,

随手涂抹成这姹紫嫣红的山野秋居图。

71

秋林,你在等你的诗人吗?

准备了一秋的美丽,

只在诗人驻足时,

一齐开放。

72

南坡,请不要如此美丽!

炫目的红,醉人的紫,

让人心旌神荡,

无法呼吸。

73

风从山中来,

辗转找到了她的诗人。

诗人读懂了,

秋叶的纵横脉络间,

写满火辣辣的邀请。

74

诗人啊,不要久立山头。

这漫山漫坡的秋色,

会使你沉醉。

75

秋天的黄叶啊,

也似我的诗情吗?

在风中一波一波地浓了。

76

烟雨暗千家。

寂寥的江南啊,

秋意弥漫了我的心田。

77

秋风,

你不要一味埋头作画吧。

请抬起头,

欣赏你涂抹的江山。

78

秋风中的牵牛花,

在黎明的清冷中,

凄凄地猩红。

我裹紧衣袖,

感同身受了。

79

檐间的细雨,

滴滴答答与我对话。

我只以缄默应和。

秋风四围相邀,

我也无言以对。

80

野渡无人,

竹篙与木浆相依而眠,

青山与她的倒影窃窃私语,

白鸟沉醉于澄明之境。

81

一朵小花,开在万山之中。

而万山在宇宙间,

却也只如一朵小花吧。

82

崖深岸陡,白浪滔天。

壁立千仞间,

云雀却在酣眠。

83

清晨,自山顶俯瞰世间。

乡村和城市在云中浮沉,

整个世界既真切又缥缈,

一如人生啊……

84

一杖在手,漫步山顶。

万籁俱寂,天地凄清,

月朗星稀,尘声已远。

想哭,却不知为什么;

轻叹,也不知为什么。

85

山顶,仍有高塔耸峙,

瞻之愈大,仰之愈高。

朋友,你告诉我,

是自然更加伟大还是人类更加伟大呢?

最高的山峰在我的脚下,

神性的星空在我顶上。

朋友,你告诉我,

是自然更加伟大还是人类更加伟大呢?

樽酒集

1

樽酒已斟满,来!

我的父老乡亲,

一起坐在月光下。

且放下重负,

各饮三海碗自酿的村醪。

2

长篙,短橹,

艇飞如箭如弩。

争渡,争渡,

家在烟水尽处。

3

不如归去,不如归去。

向晚坐倚青松,

看云岚四合,

陪宿鸟回家。

4

我的可爱家乡,

在豫南洪河的东岸。

那里处处开满鲜花,

那方天地亮丽明艳。

我的父老在家乡,

家家都有独栋的庭院。

在那美妙的庭院里,

四季都有花儿鲜艳。

5

年迈的父母在夕照中蹒跚。

我的爱人一卷在握,构思诗篇。

而犯错的孩子,正在树后躲躲闪闪。

谢谢上苍,这寻常的幸福啊,

已经让我泪流满面了!

6

年迈的父母,相依走在夕阳下。

爱人微笑端来寻常的菜蔬,

孩子长声地读书或在桌前饕餮大嚼。

谢谢上苍,这寻常的幸福又一次让我泪流满面了!

7

进退无据的苍茫,

何处乡关,乡关何处啊?

谁清泪潸然,

陪我怅惘?

8

烟台在梦境里显现,

微风从海上送来神秘的邀请,

云朵变幻着绮丽的舞姿。

年轻的人们欢声笑语,

相识不相识的人儿眼含笑意。

美酒盈满酒盅,歌声四处响起。

莫非我前世,曾在这里歌哭笑傲?

或者今生,已有另一个我定居于此?

为何我如此爱你,

你也如此爱我?

9

阳光洒满湘江的水波,

诗意挂上每一株柚树。

雏菊在风中诉说着什么,

秋声弥漫染霜的岳麓,

扩展成长诗。

10

兄弟!让我与你一起去攀爬脚手架,

一起迎接严冬和酷夏。

晨昏站在一起抽吸劣质的烟草,

三餐坐在一起吞咽淡饭粗茶。

11

三五月明,老人家,

您向谁鞠躬呢?

老天爷不在那里,

TA 在机场隆隆的工厂,

TA 在挥洒汗水的田地,

TA 在边疆白雪皑皑的哨所,

TA 在敲石筑路的山间。

不如回家吧,老人家。

抛开您的香炉,

煮一锅香喷喷的杂粮粥,

再炒两个可口小菜,去迎接 TA,

在劳动里,在流汗里,

与 TA 坐在一起吧。

12

噢,我的兄弟,

请暂时放下手中的工作,

一起来到我篱边。

噢,我的姐妹,

请暂时抛开你的烦恼,

一起来到我花园。

兄弟,不要在意你的面子,

高兴就在柳下尽情欢歌;

姐妹,不要顾惜新裁的彩裙,

喜欢就在草间随意舞蹈。

13

荒山孤村,暮云四合了。

应约的故友,还未踏上山径。

且留着灯吧,再温温酒。

棋盘悬起吧,时间已晚了。

14

醉中休说异乡愁!

又哪里是异乡呢?

风从海上吹来,心里一派安详。

沙粒折射阳光,阳光普照整个大地。

人们相视而笑,似曾相识,

善意弥漫周遭。

在诗的意境里,

故乡的每一个地方都是世界,

世界上每一个地方都是故乡。

15

夕阳，牛背，柳笛，

石桥，草径，乡音，

是刚刚故乡梦回，

还是此刻尚在梦中？

16

我的兄弟姐妹，请让我与你一起寻找，

在寻找时一起哭泣，

在哭泣时继续寻找，

寻找我们共同的理想国。

17

云萦雾绕，芊芊莽莽，前路长长。

让我们相搀之时相互提醒，

让我们在相依之时相互鼓励。

目标在极远处缥缈不定，

人在黑暗旅途更易听到彼此的心跳吧。

18

来找我吗，我的朋友？

有劳翻一座山，请再越一条河，

穿过树木和草地，

那数间茅屋便是了。

门口两株木槿，屋里响起书声。

你来吗，我的朋友？

酒已开启，杯已齐备，

一曲琴，一架诗，一室清幽。

19

书窗外风似狂,雨似注,

大水正漫过整个世界!

流浪在外的人儿,你无恙吗?

20

朋友,谢谢你的来访,

请你绕过那片丁香。

在一片麦田的那畔,

飞舞着蜜蜂和蝴蝶,

瓜棚下有自做的桌椅。

我已画好棋盘,

捏泥成黑白棋子。

21

故乡啊,

在城市跑车无法到达的地方。

却凭一缕乡愁,

悄然浸入我的梦中。

22

年迈的母亲啊,

请你放下你的矜持,

让我把您当孩童疼爱。

23

童年的记忆,在每一个成年人的梦中——

月明中的瓜棚,

不眠的牛屋,

三爷的故事……

24

母亲,昨梦您可曾临在?

为何晨醒的枕边,

遗落着您的泪珠?

25

芦荻，芦荻！
是怎样伤心的往事，
让你一夜白头？

26

故园的父亲母亲，
夜夜来到我的梦中。
为何我欢喜的眼泪里，
常常有疑惧和哀愁？

27

燕回，衔来南方的问询；
燕去，带走北国的祝福。

28

清绝,秋夜的长箫。

风儿已将思念,

带给故乡的母亲了吧?

29

抛弃那心外的湖山吧,孩子!

回来,归依你母亲的身旁。

30

是谁家年老的父母?

求乞的琴音和悲唱,

让高楼上的我潸然泪下。

却为何那鼓腹的食客,

旁若无人地饕餮大嚼?

31

清福独享吗,

山中的旧友?

求寄一枚落叶吧,

告诉我秋来的消息。

32

暮云四合,

宿鸟归飞。

且斟酌觅径吧。

你的母亲,

正等你归来。

33

日暮,途穷;

衣薄,风寒。

前路太远,不如归去吧。

父亲的酒正温,

母亲的菜蔬刚刚上桌。

34

细雨剑门,单车疾驰。

无尽的前路啊!

便一百二十迈也是踱步了。

父亲温的酒,母亲煮的饭,

莫放凉了呀。

35

花开又花落,潮起又潮落。

我一直在这里等待啊!

你何时停下奔波的脚步,

与我相依,看故园的炊烟?

36

离愁已随着落叶,

在秋风中漫天飞舞。

你走得越远,

把我的心线拉扯得越长。

37

我的故乡,在白云生处。

我的故交,个个相熟。

东家杀鸡,西家拎酒,

南邻拌菜,北邻洗藕。

唯有邻家小妹,远远相候,

捉弄着裙角,眉目含羞。

38

窗外的桂花,悄悄地开。

年年的蜜意,夜夜的清绝。

树下的少年,已然长高。

不知而今,流落何方。

39

蛙儿啊,平日你们隐身何方?

为何在夏雨过后,

顿作十里合唱?

40

独立,千山暮景,

一只归雁,远寺钟声。

41

菊花开时,

日日雨丝风片。

故园的秋夜啊,

几人未眠?

42

响晴的天,风雨亦可,

没有霾就好;

树叶亮绿,稀有或者寻常的树种,

有绿色就好;

孩子读着书,或者一味地玩耍,

安全就好;

诗人吟歌,或者无聊地发呆,

有闲就好。

古树集

1

古树用繁复的年轮炫耀长寿，

高山用伟岸的身姿夸口崇高，

大海用辽阔的蔚蓝展示浩瀚。

而人呢，却默默伫立，

思索生与死。

2

请解开自设的束缚，

请打开尘封的心锁，

请做出明晰的决断，

请踏上清晨的长路。

3

我的朋友，

真正的主宰其实就是你的真心。

你苦苦地祈祷，

何如一个转身，

面对着真实的自己。

4

窗外月色，似是生生世世的密友。

面容姣好，纤尘不染。

我似乎第一次认识此刻的世界，

感到熟悉又陌生。

相视一笑，莫逆于心，

但不知道达成了何样的默契；

怦然心动，黯然神伤，

但不知道的伤心因何而起。

5

我睁开眼,远处是山,近处是林,

江河纵贯视界,草堤上处处花香。

我闭上眼,整个世界归于黑暗。

我突然惊悸了,不敢轻易睁眼,

怕这无边的美景从身边消失!

万能的造物主啊,您告诉我——

如此美妙的世界,

真的只存在于我瞬息流变的感觉之中吗?

6

一朵玫瑰,定然散发迷人的芳香。

一朵蝴蝶,定然舞出美妙的模样。

老人面对时空转换惊慌失措,

少年却信心满怀追求理想。

大千世界自在运行,

它岂依附于人们的意识之上。

7

晨曦的光亮一如希望,

慢慢覆盖我的全身。

清爽的空气,似将我慢慢融化。

飘散在风中,

肆意地旋转,

放空自己。

舒缓、轻柔、安静。

晨露轻抚着我的脸,

沁入心底。

遥远的旋律响起,

只有心能感受。

8

秋雨连绵,

秋意弥漫,

四顾江山寂寥,

心里秋雨飘飞。

大家都言笑晏晏,

谁知我心孤苦?

9

我猜想在这个世界,

真的有一种神秘的力量。

不然四季怎能如此绝妙地轮回,

生荣收藏怎能如此和谐相续?

婴儿一下子就能找到自己的母亲,

笑意里分明泄露了天使的讯息。

10

清晨,第一缕阳光,

照耀带露的鲜花,

我分明看到,

花灵一闪即去的身影。

11

我们都在"朝圣"的路上。

我深信:一切科学的、哲学的、信仰的东西,

都由同一个共同的源泉哺育的——

那就是对于未知事物的憧憬和向自心的返回。

12

生命如此令人惊诧!

清晨第一缕阳光,

照耀这个我们生于斯、长于斯、逝于斯的星球,

松涛低吟,柳丝婆娑,

虫鸣蛙鼓,隼冲兔走,

带露牡丹娇艳欲滴,

含愁丁香惹人垂怜,

所有的植物、所有的动物、所有的微生物,

各依其序而又驰突奔竞,

万千生灵应节而舞,

界、门、纲、目、科、属、种在大化中运行。

13

有时试着想象自己摆脱自身,

负手立于太空的某一角落,

惊奇地凝视这个蓝色星球的芸芸众生。

看那冷色的、意味深长的、运动着的美,

看那生和死川流不息,

合而分、分而合,运动、升腾、变迁不居。

看那一个个伟大的生命,

激动人心的价值求索,

激起绚丽的浪花。

14

静静地执着于自己的梦想,

生命是一种平淡的美丽,

美在过程,美在追求,

美在希冀的朦胧。

静静地独守着自己的空间,

生命是一种悠悠的思索,

追寻真谛,追寻意义,

追寻价值的实现。

15

利剑刺破幽冥，

暗淡无情地斩杀破败和失望。

而那音乐的温存，

又抚慰着这世上弱小充满希望的生命。

一如稚嫩的鹰隼，终将展翅于天。

16

嘘，风儿，

你缓缓地吹，

不要惊醒世人的酣梦吧。

噢，月儿，

你柔柔地照，

一定要爱抚这多灾多难的世界。

17

独自聆听天地的声息，

自由徜徉自然的怀抱，

为活而在，向死而生。

18

一只落水的蚂蚁，扒住一片落叶。

这片叶成了它的世界，

它去奋力做着小小的驾驭。

树叶流向何处，蚂蚁无法把握。

它只能庆幸，还在树叶上。

19

我是一位孤独的歌手,

旁若无人地自弹自吟,

这歌曲谁人能懂?

天际星星流浪,

野风弥漫荒园,

思绪向远方跑去,

寻觅它的知音。

20

不要忙着与大自然争辩,

且静默聆听母亲的召唤。

当存在尚未开口言讲时,

我们又有何话可说呢?

21

我不喜欢逻辑冰冷的崇高书籍,

我不喜欢了无生气的形上独言,

我不喜欢过问别人的私事,

我不喜欢附和无聊的闲谈,

我不喜欢夜郎自大的文化意淫,

我不喜欢"人咬狗"的娱乐快餐。

对不起,我不喜欢!

22

追问生产,获得经验。

追问经验,获得技术。

追问技术,获得科学。

追问科学,获得哲学。

而追问哲学的尽头,必然是信仰啊!

23

独坐宇宙的一个点,

思考着大自然的整个的浩瀚。

触摸了未知的边线,

既震惊于人的卑微,

也自豪于人的伟岸。

24

天风骤至,山岛耸峙,

谁惹浪涛狂怒,

吼声连天四起?

我只托腮独坐,

洞彻生命的真实和沉静。

25

夜半的林涛,在我的梦醒之时,

曾发出了怎样的狂怒啊?

而酣睡的爱人,

只当它是一场交响乐,

正露出甜甜的微笑。

26

世人啊，我告诉你吧：

我痛心疾首地大声疾呼，

正源于对幸福和公正的渴求；

对欺骗、虚伪和无耻的无情诅咒，

正因为对忠实、光明、真诚和尊严的向往；

揭穿人生的虚妄、无聊、苍白和黯淡，

正是对人生丰盈价值的期待！

我的笔如剑如刀如戟，

我的心却似一滴泪落啊……

27

闲下来吧,我的朋友。

停下你狂舞的身姿,

伴我坐在荷塘柳岸。

不要舞动你的干戈,

静待一朵荷花的开放。

28

嘘,什么都别说。

我与你,一起体味,

那花儿里包含着——

世上所有的神性和馨香。

29

新月一镰,尘声已远。

寂寞从山岩、从林木、从湖泊、从草地向我逼来。

何处可逃?

正夜凉如水啊。

30

书窗外,片片秋叶,

簌簌地飘坠。

这秋的精灵呀,

等片片秋叶散尽,

肃杀的冬天就要来临了。

31

我是一只燕子,

逆风横海而来。

羽翼早已疲惫,

此岸又逢风雨。

可有一处壁岩,

容我筑巢休憩?

32

不要问我为什么伤悲,

为这春荣秋枯的草莽,

为这年年白头的芦苇。

不要问我为什么流泪,

为这天与地的相隔,

为这日与夜的交接。

33

在这个世界的另一个角落,

是否存在另一个形态的我?

你有我一样的音容,

我有你一样的形貌。

我一辍杯,你也不喝。

你一着凉,我就感冒。

我一跳舞,你就欢歌。

你一惆怅,我就泪落。

我四处寻觅不到你,

你为何从不来看我?

34

我曾独坐峰顶,

悲风四旋,阒无声息,

我听到山神严冷的微笑。

我曾独立荒岛,

没有白帆,也没有鸥鸟,

我听到海神寂寥的微笑。

我曾独倚窗前,

月色如水,

花香浸润每一个角落,

我听到母亲温存的微笑。

35

花蕊落下,

真的无声无息吗?

我只觉惊雷声声呢!

36

花香终会飘散,

游人在风雨中归去。

只我在林间,黯然神伤。

37

专注于依稀的水影,

光波流转,意识破碎。

此时我瞥见了生命的真实。

38

何处渺茫的歌声?

斯世哪有如此美妙的天籁!

我的心弦颤抖——

庆幸没有错过,

幸而路过人间。

39

永恒的宁静中,

谁在虚空中驾临?

尘世的歌声,已经远逝,

星斗起舞于身畔。

这一刻,我停下了前进的脚步,

专心在风中,哭泣。

40

天空中,我在找寻,那颗最美的星斗。

大地上,我在描绘,那幅最美的图画。

41

午桥边,杏花下,笛箫相和,

且洗心,且静默,聆听清音。

42

生命的泉水,

日夜流过我的血脉。

应节而舞,

又流过整个世界。

43

黄昏的游丝有多长,

秋蟀的夜吟就有多长。

秋蟀的夜吟有多长,

诗人的诗情就有多长。

晨兴的悲凉啊!

44

至大至美啊,浩瀚的自然。

深深膜拜吧,孤独的旅人。

45

最怜这月,温柔的沉静。

清辉相助,无尽的远行。

46

来路的荆棘和去路的榛莽,

微弱的光明和唯一的险径……

世人啊,我指明常识你们为何掉头不理?

我撕破胸膛掏出真心你们为何认为我在发疯!

47

在我的心中，有一座秘密花园，

不许你窥探花园的花朵，

只许你嗅闻飘出的花香。

48

漫空喷涌的只有海浪，

和那沁人的凉意。

而海许我的珍珠呢，

为何总是在我转身之后，

悄悄赠予？

49

时光啊，你是我的恋人，

陪我走过春夏秋冬。

世界啊，你是我的母亲，

许我肆意歌哭笑傲。

50

斜倚窗栏，

欣赏一抹黄昏斜阳，

觉察一点儿人间心意。

51

梦到自己在做梦,

梦中的自己又在做梦。

我突然战栗了。

现在的我,

会不会也在梦中?

52

一对小鹿,在神秘的国度里欢跳。

林子里却传来忧伤的音符,

正秋风吹彻,正夕阳黄昏……

53

雨中,我莫名流泪。

思绪何处逃逸?

满耳都是风声,满眼都是雨丝。

我浑身发抖,

但不是因为害怕,也不是因为寒冷。

只是因为此刻,

灵魂正无枝可依。

54

且住!这芳林中的黄昏,

这黄昏中的芳林,

为何让我如此惊疑呀?

分明是第一次邂逅,

为何又觉得是生生的相约?

55

秋风,且容细细相商吧。

你能带走夏的燠热,

而把夏的青葱留下来吗?

56

白发的芦荻呀,

当初有怎样的青葱。

飘零的黄花呀,

当初有怎样的明艳。

57

在茫茫的时光之河里,

生命也如流星了。

只璀璨耀眼的一瞬呀,

又飞逝何处呢?

58

亲爱的造物主,您的神圣全然深藏于奥秘之中。

您是斯世的创造者,又是永远的异己者。

我不知道您的模样,但我愿向您开放我的心。

59

一翼新芽便是春了,

一旋落叶便是秋了。

四季原本只是一瞬呀,

朋友,珍重!

慎度时光的流。

60

秋思,秋凉,

秋愁,秋恨,

我能领会多少呢?

秋叶在风雨中呢喃,

诉说怎样的故事?

我只搂紧肩角,

凭窗聆听吧。

61

人在窗边,

书在桌边,

拂面的凉风中,

秋已到来。

62

我爱，

故我在。

63

人的羽翼，

只有在梦中，

才能自由翱翔吧？

64

哲人，我羡慕你：

独自品尝思与诗的酒，

你能觉了它醇香，清甜。

哲人，我心疼你：

饮酒时无人为伴，

思与诗让你难以安眠。

65

在黑暗的天幕下，

灵魂踽踽独行。

借着心跳的相契，

找寻同路的知音。

66

是谁在敲击我的心弦?

是千重的光雾,

还是醉了的柔波?

是天天的梵呗,

还是夜夜的月明?

67

我坐在地平线上,

吹起芦笛,

万千生灵一起静听。

68

晶莹的珠玉,

心痛的伤摧。

你经过了怎样的磨难啊,

才变得如此令人怜惜。

69

我小心翼翼地，

保持着，

与世界的距离。

70

凭栏人，秋风已起，白衣飘荡。

你要乘风归去吗？

看那新月已升，

又隐到云海深处。

71

梦中,我长久地独立。

不知不觉,

变成了一株风中的树。

72

真善美圣,

是四株参天的大树。

根植于同一块大地,

叶交会于同一片天空。

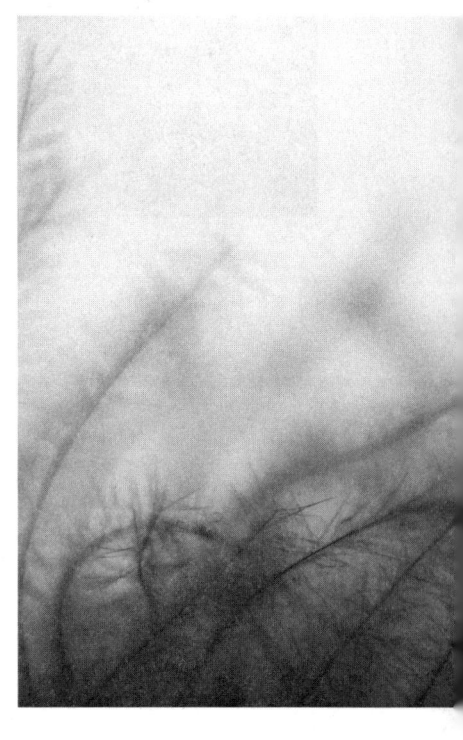

73

我行走在自然的天地里,

自然摇曳在我的内心里。

自然是伟大的,

而我的心,亦然。

74

诗与思似花,

在月光中独自绽放;

却又似晨星,

在黎明的喧闹中消散。

75

薄袖凭栏,

单衣试酒。

画里的轩窗,

已迎来第一缕春风。

76

美在生命之间流动。

山青了,水绿了,

草长了,鸟飞了。

谁独立窗前?

谁独自落泪?

77

不好意思,请允我片刻退出好吗?

暂时地去听听风声,

辨辨鸟语,嗅嗅花香。

或驻足在清凌凌的水边,

一整天无所事事。

78

月出皎兮，这良人的世界里，

应许一滴泪落吧？

连凶猛的狼群，也停止了扑食，

在坡顶仰天悲号呢。

79

雨中，我莫名流泪。

灵魂，正无枝可依。

思绪，完全逃逸。

80

我的怜不是爱，

我的畏不是怕。

我的怜沉甸甸但没有对象，

我的畏苍茫茫但亦无指向。

81

歌声充盈天地，

眼泪与微笑相伴，

震惊与希望相依。

潮起又潮落，梦破又梦圆。

我卷起帘幕，走出深深庭院。

我的脚步，应合天地的节奏。

82

草木凋敝,天地沧桑。

一生的欢情和悲意化合为雨。

我茕茕孑立,独自沉浮,

舛错流离,孤寂无依。

何处是生命的彼岸,

何时落定这颠沛孤零的心?

古树集

83

廉颇已老,白发萧然。

烈士暮年,意兴阑珊。

唯余秃笔,涂抹江山。

84

我注定遗世独立,

独自行走在天地之间。

不为烟花所惑,

也不为旁人停留。

当世人惊觉,

抬头瞻望,

却只能看到我的背影。

85

且容我独自上路,

踏入荆棘遍布的隐秘山径。

天风为我吹,天花为我落。

歌声轻漾,爱如潮水来势汹涌。

汗水和泪水滴落,

我自独行。

我不知道我将去何方,

我留给世界的只有背影。

初月集

1

初月一弯,微笑不语,

清光里闪烁着上天的神秘。

孩子凝望着自己的母亲,

母亲凝望着自己的孩子,

那凝望里闪烁着爱的神秘。

2

母亲,您是否听懂了我的声音?

我的啼哭里,包含对生与死的无解;

我的嬉笑里,透露着情与爱的无限。

3

母亲,请您允许我赤足站在春雨中,

抿着青紫的唇,

惊诧地看着那丛玫瑰,

在迷蒙的烟雨里分明地绽放。

4

孩子，不要惆怅我们的迷路吧，

这一方天地，

为了这次邂逅，

不知准备了几世几劫呢。

5

孩子,不要疯狂地抽打你的马。

应俯首与它商量,

再踏上长远的路。

6

母亲,请许我跳跃在春天的田野。

清晨的路,

骀荡的风,

无羁的心情。

7

母亲,我要整天坐在苹果树下,

等待苹果再一次伟大的坠落。

8

孩子,莫怪母亲小鸟儿般"啄"你,

只因这浓得化不开的爱意呀,

正要决堤。

9

孩子,不求天天月圆,

纤纤新月正好。

而月圆之后,

便要一日一日地亏减了。

初月集

10

孩童,你虽然柔弱,

却是真实地成长着的。

而所谓的坚强,

正悲叹着它的老朽。

11

孩子,请拭干忧伤的泪水,

在清晨的天光下,

走上新辟的路。

12

母亲,不要责怪我徘徊,

徜徉在偌大的林园,

对着雾中那些虚无缥缈的花,

喃喃自语一些莫名其妙的诗句。

13

母亲,我要睡去了。

梦中的自己,

才是更真实的。

14

孩子在母亲的怀里,

母亲在长着芳草的庭院里,

庭院在无边的春风里,

春风在这充满爱的天地里。

15

孩子,你为何托腮,

托腮向窗外凝望?

不要忧愁外面的风雨。

你听那风中的花吟,

你看那雨中的树摇。

16

孩子，许你随意打滚，

一如小马初来郊野见了青草；

许你随意歌唱，

一如小鸟探出春深的枝头；

许你奔跑在天地之间，

一如这原上的风无拘无束啊！

17

杂技中的孩童,

人们只喝彩表演的惊险刺激,

而我却只是叹息,

只是流泪。

18

母亲,我怕长大,又想长大。

外面的风雨,会击打我的翅膀。

千山万水,需要我独自掠过。

但是,心爱的母亲,

我终究要成长,独自飞向远方。

谁曾见长大的鸟儿,还留恋它的巢窠?

深远的蓝天,正期待强劲的翅膀!

19

母亲,我不愿寻愁觅恨。

您带我拾级层楼吧。

看那漠漠平林之中,

正有通向远方的路。

20

母亲,请您不要拉扯我,

让我自己站起来。

我要在每一个跌倒的地方,

竖起前进的路标。

21

帆影点点,江山青青,

孩子,整好你的行装,

恰在春风里启程。

22

茶杯犬,你这小不点儿,

我可不怕你的恐吓!

一朵花儿的开放,

就可容你捉迷藏吧?

23

生命一如春天丰赡。

看那微风吹拂,看那阳光灿烂,

看那千草竞发,看那万花吐艳。

再见了,心爱的母亲!

我已长大,要负笈远行,

去探寻外面的世界。

24

晨星在东天,

诉说自己的寂寥。

我恰此时醒来,

迎接第一缕阳光。

25

我看到了,

什么是爱的无限。

青蘋之末的风浮沉 TA 的消息,

晨露无意间流泻 TA 的神秘。

孩童仰起的小脸儿,

母亲低下的眼睫……

爱的无限,恰在那里经过。

26

一窗阳光晃得人睁不开眼，

母亲在打着瞌睡。

贪玩儿的孩子，

在丁香花丛里隐映。

27

尿泥儿和糖子儿间弥漫的，

有大人们求之不得的幸福时光。

眼眸流盼着，

大人们装扮不出的天真无邪。

随口就能吟唱——

大人们做梦都想不出来的曲调。

随意就蹦跳——

在大人们早已失落遗忘的神性花园。

28

心爱的母亲,

不要因为我嬉闹而生气和责罚,

不要指望我像木头一样一动不动。

嬉闹本来就是天使的本性,

我也是如此呀。

木然不动是泥偶的姿态。

解开你的绳缚吧,

让我跑进花园和草地,

在天地之间欢唱。

29

孩子,你兴冲冲地奔跑在天地之间。

蚂蚁列队,

蚱蜢传令,

云水峰壑一体凛遵,

林木花草鼓呼相迎。

你是尘世里真正的天使!

30

孩子,你赤脚走在天地之间。

青草铺地,鲜花簇拥,

果儿招手,蜂蝶飞旋,

鱼儿穿梭,舟儿自横。

所有生命都会为你引路,

整个世界都会把你当作密友。

31

孩子,想哭就哭,

想笑就笑吧。

在我的眼里,你的哭声恰如黄河的怒吼,

波涛穿越崇山峻岭,

狂飙盘旋着绕过万千村庄。

你的嬉笑赛过天使的歌声,

摇床里感受风外婆的抚弄,

和平鸽展翅飞向苍冥。

32

孩子,你摇着小手儿,

扑进我的怀抱。

世界上最重要的事,

就是接纳的痴缠。

你仰着粉嘟嘟的小脸,喜笑颜颜。

在我的眼里,

世界上最美妙的事,

就是亲吻你的红润的脸蛋儿。

你的双眸在我的眼里比黑葡萄还美,

比得上天上最美的星星,

也赛过世上最美的珍珠。

当你落泪,我的孩子,

母亲的心,一片片,

与你的泪珠一起碎了。

33

谢谢您,母亲!

您只爱怜四溢地微笑或者叹息,

却从未有过嗔怪或生气。

您给了我一颗自由的心,

还给我青山和绿水,

云霞和虹霓。

并许我的精神,

在天地间独来独往,

在清风明月下自由呼吸。

34

母亲,我已长大,

要离开您的怀抱,

奋勇前行!

人生并未预先划界,

前方有期待之外的风景。

林中路蜿蜒曲折,

前路也永在变动。

我一生都会在风景中向前,

终将成为母亲眼里最伟大的风景!

35

朝阳啊,已不是昨天黄昏的那轮夕日。

你看万顷碧波之上,

云蒸霞蔚之间,

那无边的清新。

36

严寒对大地说,

须臣服他的威严。

春风一语不发,

裙裾一摆,

解放了万水千山。

37

春姑娘啊,请告诉我,

你哪儿来的巨力,

顷刻间把山川染绿,

让江河欢唱。

38

榕树的枝对根说:

谢谢您的抚育,

我已长大,

将自己吸取空气的营养,

与您共同生活在多风多雨的季节。

39

新月,

一轮一轮地丰满了。

而圆月呢,

又一轮一轮地瘦损了。

40

柔弱的小草呀,

暴风雨来临时,

我多么为你担心。

可雨后天晴,

你却生机勃勃,

青翠喜人。

41

风儿轻抚草的茸尖,

月儿曼笼林的朦胧。

而花儿呢,

则映着我心爱的母亲的脸庞。

42

谁曾见,

无花果的花儿?

只可品尝,

果实的清甜。

43

窗外的风雨来了，

燕儿飞回了梁间。

抱歉，母亲，

我在外边流浪，

惹您担心。

44

造物主已厌倦宏大的叙事了。

他俯下身，

看一位男孩帮一群蚂蚁绕过泼翻的瓶水。

他微笑着，看一位女孩提起画笔第一次涂鸦。

45

雷鸣,海啸,

黄钟,大吕,

我却只厌它们的嘈杂。

真正美妙的音乐,

恰在于小草的摇曳,

竹香的流淌,

和孩子的欢笑。

46

自然给了我一粒快乐的种子,

我小心种植在自己的心田。

终日照料,夜夜相伴,

只为它能开出最美的花朵。

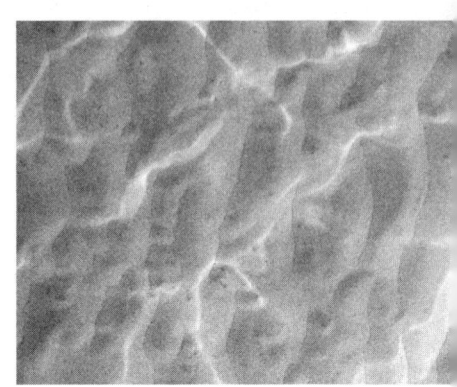

47

孩子,不要指望能站在筐中提起自己。

瞧,你已累红了脸,累酸了臂,

徒惹别人耻笑,

而使亲人怜惜。

48

我惊叹那原始的纯洁无瑕,

为何导致后来的堕落腐化。

那原初的崇高完美,

正宜你我追溯复归。

不信请看春晨里浥露的新芽,

不信请看孩童哭泣的眼睛。

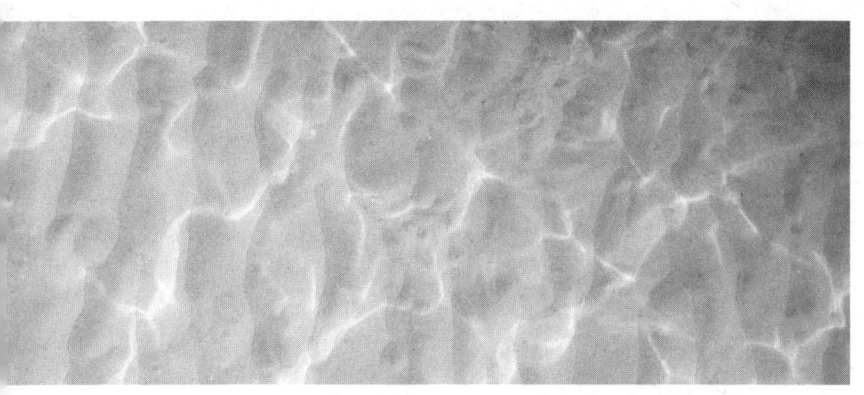

49

我的孩子啊,

你可以进入我的书房,

你可以翻看我的作品。

但要小心,

莫碰伤那字里行间的思想。

50

年轻人,

不要怪罪蔷薇的细刺,

刺伤你的手和足。

因为欢乐,

常常伴随痛苦的左右。

51

孩子,

宇宙本是黑暗的,

是爱使它熠熠生辉的呀。

52

孩子,

寂寥的黄昏里,

你在何处彷徨?

漫地的秋风中,

你在何处流浪?

53

孩子,

我无法给你我的思想,

只能指示满身的伤痕,

和来时的险径。

54

月下久立,清露侵衣,

馨香破了岑寂。

我听到了花的初开,

风的悲泣。

55

轻舟短棹,

烟柳花桥,

歌声应和。

春野只合少年人!

56

谁在月下吹笛,

告诉杏花开放的消息。

樽酒且斟满吧,

青春易逝!

57

春寒料峭,风雨逼人。

孤单的少年,

赤着足,披着蓑,

每日去等候芍药花开。

58

微风送来花的香,

鸟儿在林间穿梭。

新月升到柳枝上,

光景挑逗着诗人的笔。

59

来!一起开怀畅饮。

我已将冠冕掷于草间,

马儿已喂饱,金饰马鞍也已装上。

荣光在后,前路正远。

60

小草呀,我从未轻忽你的平凡。

因为在浩瀚的时空里,

我也不过如此呀。

61

少年对花儿说:

让我怜惜你吧?

花儿闭合了。

少年叹息着走开,

一阵阵相约,

花儿开放了。

62

我的孩子,你的骄傲如此令人怜惜。

你走过权贵的朱门掉头不顾,

却与乞儿称兄道弟。

63

孩子,请不要在深夜的林边哭泣。

须知让你后悔至极的事情,

都是当初你自己的选择。

你拥有了选择的自由,

也须承担选择的后果。

若有可能,不如断然退回岔口,重选路径;

若还可以,尽可奋勇冲破黑夜,抵达黎明。

64

孩子,你为何独立窗前,如此怅惘?

抬眼望一望吧,孩子,

看春色凝碧,听秋声如波,

大千世界正为你展开恢宏画布,

等你秉笔描绘壮丽篇章!

65

清晓,天地方在梦中呢。

谁家的孩子与他的狗已来南坡?

兀自惊碎,蒺藜花上的露珠。

黄昏,炊烟摇荡村南的树。

母亲的呼唤隐约,星月渐亮了,狗也已饿了。

谁家的孩子,还在南坡,赤脚玩耍?

来！孩子，一起走在秋风里。

听一枚落叶的悲叹，看秋蝶旋舞着谢幕。

来！孩子，一起走在秋风里。

让秋水纯洁你的心扉，让秋意洗去胸中的懊恼。

来！孩子，一起走在秋风里，

稍候冬天第一片雪，

那是明年春的使者。

67

雄健者,同样可以柔情款款,

不信请看扫过青草的风雨。

温柔者,同样可以坚忍顽强,

不信请看风雨扫过的青草。

68

孩子,请不要送花给我。

花儿包束停当,

已经注定结果。

让她摇曳在枝上吧,

我更好地欣赏她的好。

不要让她在我的眼前凋谢,

不要引我在晨光晚风中泪落。

跋一：诗，应成为国人的信仰

诗，应成为国人的信仰

此诗非彼诗，它与科学、哲学并列，属于信仰层次。

常有人哀叹当下国人没有信仰，没有道德底线，指之确切，言之凿凿；又艳羡"国外的月亮圆"，似乎是一洋遮百丑。人无法选择自己的母亲，也无法选择自己的时代和祖国。与其哀叹，不如建构——尽管这实在是一项任重道远的任务。但"路漫漫其修远兮，吾将上下而求索"，不正应为我辈知识分子的精神诉求吗？

当下国人应有信仰，这是毋庸置疑的。但信仰什么，却是值得大大商榷的。是神吗？我们早已告别了"神的时代"，并且国人本无普遍的宗教信仰，再让大家虔诚地跪倒尘埃，无异于痴人说梦。是领袖吗？我们正在走出"英雄的时代"，依靠三呼万岁，锦衣治国来凝心聚力已不需要，也不可能，更是可笑可憎，瞧瞧我们近邻就明白了。我们已走入了"人的时代"，而"人"的信仰应有新的指向。同时，信仰是有层级的，其中个我的、集体的、族群的、政治的、社会的目标都有可能成为一个人、一群人的持续时间或长或短的信仰。那有没有一种东西有可能成为当下国人的普遍意义、终极意义的信仰呢？

若有，其为诗乎？！

我国素有诗的传统，所以古之书生"不学诗，无以言"。即便当今，以汉语为母语的孩子，三岁无不吟"鹅，鹅，鹅，曲项向天歌"；十岁无不诵"欲穷千里目，更上一层楼"；一进入青春期个个都成了小诗人，写一些与"红豆生南国，春来发几枝"之类的诗歌；成年后诗却在大部分民众心灵深处安睡，奇了怪了！无信仰的人们因缺乏自律而易放弃底线恣意妄为，即便国家实施严刑酷法，也最多只是"不敢""不能"，而与"不愿""不屑"相差何可以里计！诗意消遁的人们的状态堪忧乃至可怖啊！我们可以不再重复提及那些俯拾皆是的负面例子吗？揽镜自照、每日三省之时，你我真的没有过一丝惭愧和后悔？

我们伟大的祖国在走向富强的同时，也正在走向民主。与之同步，新一轮的新文化启蒙运动正在酝酿，且必将到来，我们已经隐隐听到了它呼啸前行的胎噪风声。如果说一百年前的新文化运动是散文革命的话，这一轮的启蒙运动应是诗的革命、诗的回归。它需要每一位国人的推动和参与，尤其是知识分子应率先报告春江水暖的讯息。

书生报国无他物，唯有手中笔如刀。我虽三尺微命、一介书生，但也想用纤笔一枝谨奉愚忱，与天下同仁一起努力，使得一声声微弱的呼唤终能汇成窾坎镗鞳的洪流，涤荡假、恶、丑、俗，激扬真、善、美、圣，促使伟大的东方民族重新皈依于对诗意的敬畏、尊重、认同、践履，使凯歌行进的国家清风鼓荡，诗意斐然。

2017 年 9 月 10 日
于河南大学生命教育研究中心

跋二：且凭樽酒唱俪歌

在2017年早春，《生命教育诗语》三卷与《生命教育》教材八册同时成稿。前者为我独著，后者为我与著名教育学者张文质老师共同主编。两套作品一并呈于中国教育学会名誉会长、国家教育咨询委员会委员顾明远教授，以及中国陶行知研究会会长、原中央教育科学研究所所长朱小蔓教授的案前。两位先生欣然担任《生命教育》《生命教育诗语》的学术顾问，提出了宝贵的指导意见，并在付梓时亲自撰写序言和推荐语。何其有幸！

《生命教育诗语》首次付梓12卷，各卷主题分别有所侧重。其中，"天籁集"歌咏自然，"樽酒集"寄寓乡愁，"古树集"敬畏生命，"初月集"赞美儿童及成长的力量，"风桥集"表达诗人何为，"彳亍集"反思死亡真蕴，"柳梢集"抒写爱情，"阡陌集"指向信仰，"沈吟""行吟"是带有题目的抒情长诗，而"俪歌""铙歌"则分别为偏婉约和偏豪放的歌词。

我的"亲导师"顾明远先生（博士后导师）、周洪宇先生（博士后导师）、刘济良教授（博士后导师）、路日亮教授（博士生导师）、汪基德教授（硕士生导师）、李宏斌教授（学士导员）、王轶君女士和李慧薇女士（诗词老师），还有虽非学校指定导师，但实尽导师之责的朱小蔓先生、董泽芳先生，对本书从立意到创作，从修改到定稿，全时过问，全程推动。尤其是顾先生亲撰序言并亲题书名，朱先生抱病撰写序言。我是你们的及门弟子,感谢你们对本人的指导和对本书的提点。当今教育学者之王定华教授、郭戈教授、刘贵华教授、高宝立研究员、程虹教授、梁留科教授、时明德教授、刘岸英教授、张文质老师、冯建军教授、刘铁芳教授、李政涛教授、王鉴教授、杜静教授、李桂荣教授、袁赞礼博士、赵丹妮博士,以及河南大学刘先锋主任、河南师范大学康淑霞书记、郑州师范学院樊应选主任、河南省幼儿师范学校李晓红主任、河南财经政法大学张玉华博士,我是你们的著录弟子,感谢你们对本人的支持和对本书的鼓励。此三卷"诗语"原为济南出版社总编辑朱孔宝研究员与我诗词唱酬而"引逗"出来的,并被济南社张雪丽主任率团队进行认真编辑,后因故转至教育科学出版社重新三审三校并付梓见书。教育科学出版社教师教育编辑部刘灿主任、责任编辑闫景师妹付出了很大的心血。刘主任还虑及诗集其实是以诗歌形式表达生命教育学术思想的学术著作,故建议将书名从《生命诗语》改为《生命教育诗语》。教育科学出版社、济南出版社的老师们编校的这套"学术诗集"清新雅致,令人惊喜。我指导的研究生李一鸣同学设计了封面,齐彦磊、沈芳、徐俊丽、甄慧娜、林琳、隋健平、王欢等几位同学参与校对,立德树人教育集团贾西贝董事长、商丘中学杨中位董事长、上蔡县教育局陈水献局长、上蔡二高黄志刚校长与刘新改老师、唐河一中石媛校长、成都南华中学邓丽娟校长提出很好的修改意见，贾董事长和台湾的洪朝祥还提供了精美的图片。同时，全国教育科学规划领导小组办公室、河南大学、洛阳师范学院、郑州师范学院对《生命教育诗语》的出版给予了支持。谢谢各位师长、领导、同仁、同学！

朱小蔓先生以"天地人心的深情探访，生命教育的学术致思"来概括"诗语"，诚哉斯言！

赋诗之时，指尖流水，文思泉涌，在思与诗的王国里淋漓醉墨、纵横恣肆；修改之时，却是战战兢兢地推而敲之，大改者九，小改者百，只恐谬种流传，贻笑大方。初始指落键盘之际，飞雪弥空，琼瑶遍地，时值隆冬时节；而今付梓之时，枫红荻白，云肥风瘦，竟历两年又中秋。时光匆匆，太匆匆！

诗文既成，联袂长啸。是时斋外有庭，庭中有竹，竹边石几一条，几上清酒一觥，竹香入酒，诗意氤氲。灵犀相通的朋友啊，不知您此刻身在何方？您若与作者同代，请莅临寒斋把酒言欢，可好？您若千百年之后才在故纸堆中偶遇此卷，则我已成古人。穿过岁月风烟，字里行间还觉心跳滚烫吗？石上酒杯仍留竹香如许吗？

2018 年 9 月 10 日
于河南大学生命教育研究中心

教育的本质是生命教育

丙申初冬　顾明远书

国家社会科学基金（教育学）一般项目
"生命教育学科建构研究"（BAA140017）

王定功 ——·著

生命教育诗语

马蹄错

教育科学出版社
·北京·

出 版 人　李　东
责任编辑　闫　景
版式设计　杨玲玲
责任校对　贾静芳
责任印制　叶小峰

图书在版编目（CIP）数据

生命教育诗语．马蹄错／王定功著．—北京：教育科学出版社，2018.9
　ISBN 978-7-5191-1640-8

　Ⅰ.①生… Ⅱ.①王… Ⅲ.①人生哲学—通俗读物 Ⅳ.①B821-49

中国版本图书馆 CIP 数据核字（2018）第 203782 号

生命教育诗语　马蹄错
SHENGMING JIAOYU SHIYU　MA TI CUO

出版发行	教育科学出版社		
社　　址	北京·朝阳区安慧北里安园甲 9 号	市场部电话	010-64989009
邮　　编	100101	编辑部电话	010-64989593
传　　真	010-64891796	网　　址	http://www.esph.com.cn
经　　销	各地新华书店		
制　　作	北京金奥都图文制作中心		
印　　刷	北京玺诚印务有限公司		
开　　本	150 毫米×230 毫米　16 开	版　　次	2018 年 9 月第 1 版
印　　张	10.5	印　　次	2018 年 9 月第 1 次印刷
字　　数	75 千	定　　价	108.00 元（共 3 册）

如有印装质量问题，请到所购图书销售部门联系调换。

序一：人生如诗

我不是诗人，也不会写诗，但觉得人生如诗，人总是生活在诗境中。诗是人的心声，是时代的心声，更是民族的心声。可以说，一个民族没有自己的诗歌，这个民族就不复存在。我们每一个人都离不开民族的情怀、时代的气氛，都会有个人的悲欢离合。一般人只能用表情、语言、行为来表达。诗人能够把这些情怀、气氛、悲欢离合用诗歌的形式表达出来。

教育其实也是一首诗。教育的本质就是提高人的生命质量和生命价值。提高生命质量是使人的生命更精彩；提高生命价值是使人能为所有生命做贡献。"为天地立心，为生民立命，为往圣继绝学，为万世开太平"，就是生命的价值。教育就是生命发展成长的诗。

王定功提倡生命教育，不仅有理论著作、实验教材，而且用诗语来抒发他对生命教育的情怀。实在难能可贵。我不懂诗，应他要求，

我为这三册书写几句话，是为序。

2017年2月28日
于北京师范大学英东楼

（顾明远，中国教育学会名誉会长、国家教育咨询委员会委员、北京师范大学资深教授）

序二：生命教育的诗意言说

广义的生命教育的源头，可以追溯到孔子和苏格拉底的时代，千载绵延，代代损益，薪尽火传，生生不息。孔门弦歌施教，"浴乎沂，风乎舞雩，咏而归"描绘的不正是生命教育的唯美情景吗？苏格拉底一袭敝袍赤脚站在雅典街头用"助产术"指导雅典青年，柏拉图降尊纡贵追随寒门老师，亚里士多德与逍遥学派师生漫步苹果园纵论天下大事，不也正是生命在场的教育故事吗？一定意义上说，一部中西方教育史不过是生命教育与非生命教育在不同时空的对垒、演变与抗衡。在我们看来，不断健全完善的生命教育才是真正的教育。

现代意义上的生命教育大致始于20世纪初，美国哲学家、教育家杜威教授提出了系统的实用主义理论，其中"从做中学"的系列观点就包含着杜威的"生命整体存在论""经验方法"及"探求逻辑"等诸多关乎教育当事人生命发展的观点。陶行知先生是中国现代意义上的生命教育研究和实践的首倡者。20世纪初，陶先生师从杜威教授，1917年学成归国，在国内首倡"Life Education"，直到1946年辞世，他将全部精力投入其中。但出于种种考虑，先

生当时并未将其翻译成"生命教育",而是翻译成"生活教育",他的思想也被后来的研究者们概括为"生活教育理论"。其实,无论"生命"还是"生活",在英文语境里大致都表述为"Life",在汉语中"生活"也无异于"生命"的展开过程,从来没有外在于"生活"的"生命"。深味陶先生生活教育理论,其间所包含的生存教育、健康教育、养生教育、社会责任教育、人格教育、终身教育等思想,无不折射着生命教育的理论光辉。杜威教授提出"学校即社会",试图吸收社会的所有方面并将其融入一所小小的学校;陶先生提出"社会即学校",寻求的是将学校的所有方面延伸到大千世界。杜威教授提出"教育即生活",主张"做中学";陶先生提出"生活即教育",主张"教、学、做合一"。陶先生提倡教师"千教万教教人学真",提倡学生"千学万学学做真人",直接触摸到师生生命发展的脉搏。在《从烧煤炉谈到教育》一文中,陶先生满怀深情地写道:"教育的使命是什么?不是放茅草火!不是灭茅草火!是要依着烧煤的过程点着生命之火焰,放出生命之光明。中国教育的使命,是要依着烧煤的过

程,点着中华民族生命之火焰,放出中华民族生命之光明。"

20世纪末21世纪初,生命教育在我国渐渐热了起来。我看重并倡导的生命教育突出了情感教育这一方面,1990年起不断强调情绪情感是生命的基本表征,是生命的重要机制以及一个人生命素质的"内质性"保障。我以此为学术基础和教育理念,分别在供职南京师范大学、原中央教育科学研究所以及担任中国陶行知研究会会长期间,以很大的热情推动生命教育的研究、实验与普及(包括宽泛意义和专指意义的)。我的第一位博士生刘次林1997年撰写《幸福教育论》,我的另一名博士生刘慧2000年撰写《生命德育论》,后来不断有博士生的论文选题与"情感—生命"的基本概念、命题相关。与此同时,叶澜先生创立了"生命·实践"教育学派,与她团队的李政涛、李家成、卜玉华等学者把生命教育研究与中小学教学实践做了很好的对接。刘济良试图构建"生命教育论"的理论体系,刘志军、王北生、李桂荣的研究指向生命教育的视域扩展和校园关涉。张文质、冯建军、石中英、黄克剑等提出"生命化教育"。

王鉴、夏晋祥等提出构建生命课堂的思想。刘铁芳、肖川、郑晓江、欧阳康、何仁富、汪丽华、赵丹妮、袁卫星以及港台的孙效智、纪洁芳、钮则诚、林绮云、吴庶深、张淑美、郑汉文、汤锦波、何荣汉等学者也从不同维度对生命教育进行了深刻的研究,提出了一系列有价值的思想。中华大地,藏龙卧虎;十步之内,必有芳草。各地学者和一线教师对生命教育的研究和实验风起云涌,怒涛排壑。这一切必将载入中国生命教育的发展史册。

生命教育的研究和表述可以有也应该有多种维度。王定功所著的《生命教育诗语》,试图以诗歌的语言对生命教育进行言说,这是一件非常值得鼓励的事情。

王定功是我国生命教育研究团队中的一名重要学者。他是著名教育家顾明远先生指导的博士后,我愿意视他为同侪和知音。在首都师范大学儿童生命与道德教育研究中心成立大会上,我与定功首次相遇,那天我做了一个关于陶行知生命教育思想的演讲。而首都师范大学新成立的这个中心,其主任由我指导的博士生刘慧担任,当时她已是初等教育学院的副院长、教授、博士生导师。午餐时定功与我相邻而坐。那段时间我的健康状况不是很好,定功不知怎么就看出来了,他关切地建议我"枫红荻白,云肥风瘦,正是中秋时节,建议先生出去走走,比闷在家里的好"。他穿着虽稍稍寒素,但谦和温文、儒雅脱俗,简直像是从唐宋穿越而来!

我慢慢了解到,王定功是一名厚积薄发、大器晚成的学者。他曾做过16年的中小学教师、教育行政官员。2007年,他赴北京师范大学教育学部教育学原理博士课程班学习;2008年,他考入北京交通大学人文学院,师从哲学家路日亮教授攻读博士学位;2011年,他又进入了北京师范大学教育学部博士后流动站,师从著名教育家顾明远先生从事博士后研究。近几年,王定功十分专注地进行生命教育的研究和教学,先后从不同维度向生命教育"包抄"过去;对生命教育的源与流、理论与实践都"弄弄清楚"(顾明远先生语),为我国方兴未艾的生命教育提供助力。

王定功于2011年在上海交通大学出版社出版专著《青少年生命教育国际观察》,这部书被《中国教育报》评为"2011年影响中国教师的100本图书"之一；2012年在上海交通大学出版社出版专著《青少年道德教育国际观察》，这部书使作者进入"上海交通大学出版社建社30周年作者墙"；2013年在教育科学出版社出版专著《生命价值论》，这部书被评为河南省2014年教育科学研究优秀成果奖特等奖和2016年第五届全国教育科学研究优秀成果奖三等奖。假以时日，著述等身于他并非不可能。他发表在《教育研究》的学术论文《生命课堂的基本特征和建构路径》等，使他成为中国知网生命课堂主题搜索排名第一的学者。这篇论文也标志着王定功对生命教育的研究维度从生存哲学经教育哲学正式转向课堂教学，从阳春白雪转向普罗大众，从仰望星空转向漫步大地。

王定功在学术上具有多方面的兴趣和成就。最难得的是，在生活中他洁身自好，对真、善、美、圣有着虔诚的信仰和坚定的追求，不啻"浊世佳公子，翩翩一书生"。尤其是他在科研合作中低调从容，"重言勿泄，少任敢专""重情重义，生死相许"（台湾同行纪洁芳教授语）。江西师范大学生命教育研究专家郑晓江教授辞世，定功独坐书窗三天不食不语，那段时间他

的QQ签名换成了"愿我的死,换他的生"。而他俩见面不过三次而已!

《生命教育诗语》送审稿前已送来,由于健康的原因,我时断时续地阅读,读的不多,但越读越喜欢。整本《生命教育诗语》以一种生命共同体的视角直面"天地人神四方共舞"的世界,歌咏自然万物,赞美成长着的事物,吟唱人间的美好情感,探问生死哲思理路,展示书生报国情怀,褒扬真善美圣,表达生命教育的学术致思。若用一句话评价《生命教育诗语》,那就是:天地人心的深情探问,生命教育的诗意言说。

其实,生命教育关乎每一个人,每一个人都在用自己的方式践行生命教育,发出"生命诗语"。我本人自1986年进入道德情感、情感教育研究领域之后,便对情感与道德、情感与生命的关系越来越敏感和在意。用情感—生命之"眼"去看教育、观道德教育、做教育研究竟成了我的个人学术偏好。回想自己从40岁起,就有不同的肿瘤疾患来袭,饱尝了大手术和化疗之苦。可以说,30年来,如何对待生命,如何处理生命与工作的关系,一直是我个人真切的人生课题。生命之脆弱与生命之坚韧这相左相反、交相混合、反反复复的复杂情绪感受总是随着身体状况的起落变化，每每考验着自己最真实而无法逃避的生命态度。我似乎是懂得了生命实在值得珍惜，的确应当珍爱生命！可珍爱生命并不是惧怕死亡，也不一定真能做到不惧怕死亡。自觉的死亡教育在我们这里还是十分缺失的。癌症给人带来的不只是痛苦——尽管那痛苦常如剜心蚀骨，它还会让人零距离地直面生死大限，思考"生从何来，死向何去，我是谁"的问题，思考如何把握生命中的每一天，把最值得做的事情做好，尽最大努力提高生命的质量（肉身的与精神的）。因此，我特别感谢生命教育和现代医疗，前者给了我对生命的认知和勇气，后者给了我身体有效的疗救和保护。不久前，我又度过一次生命危机，现在出院了，重新走在阳光下，坐在书斋里，享受生活的馈赠。

恰逢此时，看到王定功奉献生命教育大作，捧读、吟哦这部《生命教育诗语》，是一件令人愉悦的事情。天地春回，鸟儿叩窗，丁香快要开放了吧？我从心底里感恩生命，感恩所有

热心生命教育、给无数人们带来生命智慧和力量的人。

斯为序。

朱小蔓

2017年3月5日
于南京师范大学随园

（朱小蔓，中国陶行知研究会会长、俄罗斯教育科学院外籍院士、北京师范大学教授，曾任南京师范大学副校长、原中央教育科学研究所所长兼党委书记）

目录
MULU

1 / 沈吟

17 / 行吟

89 / 俪歌

119 / 铙歌

146 / 跋一：诗，应成为国人的信仰

149 / 跋二：且凭樽酒唱俪歌

沈吟

1 诗的女神

你为何远远地伫立,

或款款地前行?

我千百遍地寻访,

却只见你隐约的背影。

待我定睛之时,

你已消逝得无影无踪。

终于嗅闻你衣香鬓影,

终于等来你柔情深种。

终于见你分花拂柳,

终于怀抱一片痴情。

我不敢凝望,不敢触摸,

哎,莫非这一次又是在梦中……

沈吟

2 孩子的甜梦

嘘,声儿微微;

嘘,脚步轻轻。

莫只贪看那稚幻的笑靥,

莫惊醒孩子的甜梦,

在梦里有云彩漫天流走,

那流云之下有仙野芳踪。

那仙野之上有繁花竞秀,

那花甸之旁有溪水淙淙。

我的孩子,好好睡吧,

爸爸关上门走到尘世中。

是爱让我奋然前行,

困难只会换来我更大的勇猛。

我的孩子,你且好好安睡。

等你长大了也背上箭和弓,

前路引导你走得更远,

风雨只会使你的臂膀更硬。

嘘,还早呢。

现在才只是一个孩婴。

婴孩只宜甜美地微笑吧,

微笑着安睡在甜美的梦中。

3 我把自己丢了

我把自己丢了,

迷失于这无边的林中。

有时闯到了这竹木披拂的溪边,

有时又乱走在幽香浸润的草径。

我把自己丢了,

迷失于这纯美的星空。

常常泗渡于温暖的银河,

常常散步在桂树后的月宫。

我把自己丢了,

迷失于这无边的爱中。

我在爱里找寻自己,

并将爱成倍地向周遭放送。

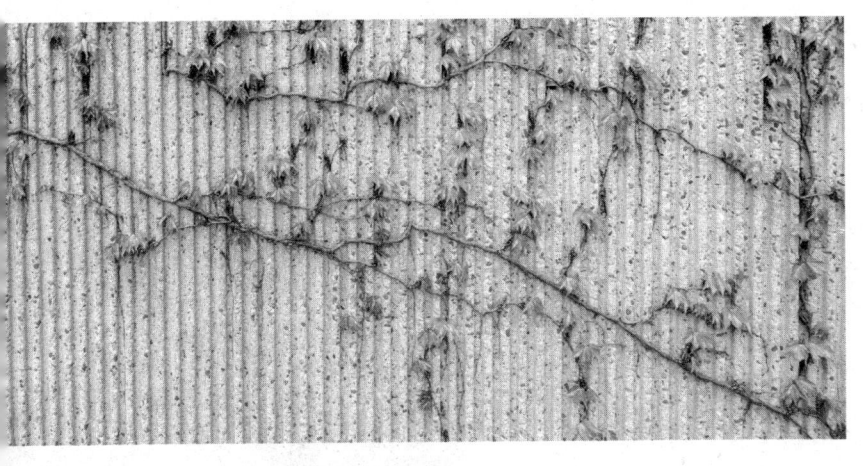

4 转折

前路的尽头,

正是峰回路转。

极度的危难,

马上转危为安。

    我的朋友,

    请莫泪水涟涟。

    风雨过后,

    须是丽日晴天,

        秋风落叶,

        也不要悲叹。

        明年燕子回时,

        春光依旧烂漫。

5 菲薄的礼物

请接受我呈上的花朵,
戴在你迷人的发梢。
请走在阳光下,
听蜂儿唱歌,看蝶儿跳舞。

请一并接受我的颂歌,
和着万千生灵的应和。
请许我在晚风中随行,
同赏瀑布样的藤萝。

我只有花环和颂歌,
以及真实的心儿一颗。
我还没有太多财富,
因着我还只是年轻小伙。

只要心爱的姑娘,

接受我这心儿一颗。

执手同行的前路,

必是花雨婆娑。

6 遗落的纱巾

风儿在我的心里,

日日弹着相思的曲子。

我的居处从无来客,

我的心湖波澜不起。

可是今天为何慌乱,

细雨为何迷蒙我的双眼?

双眼却分明看到那方丝巾,

是谁留在窗外的林间。

林子里是花的素馨,

素馨里是当年的足音。

足音里幻出你的面庞,

依旧像当年的美丽温润。

小心翼翼地我捧起丝巾,

惆怅在我的心头逡巡。

回来吧我的心儿,

伴我偕立在寂寥的黄昏。

7　问询

晚风的天籁里，

哪一缕是你的咏叹？

万家灯火中，

哪一扇是你的幽窗？

馨香千缕，

哪一朵开得最艳？

微雨蒙蒙，

哪一柄纸伞飘过青草池塘？

8　读

垂死者读分读秒，

重病人读天读月，

中老年读岁读年。

懵懂的少年啊，

请好好创造并享受，

美好的每一天。

9

我听到那舒缓的嗓音，

我看到那神秘的拱门，

我洞彻那缠绵的幽明。

我自生命的尽头回眸，

瞭望童年青葱的田园。

10 生命的链条

我愿与所有的生命,

相偕欢笑,

或相陪受难,

因为我们坠落于同一个世界。

生命缔造的链条上,

有大欢,

亦有大畏,

生命在连续与断裂之间穿行。

11 歌声

我走在心与灵中间的路上,

看到了生命暂时的断续。

耀眼处是生命破裂的光芒,

伴随着何处渺茫的歌声。

斯世哪有如此美妙的天籁,

引起我心弦永久的颤抖。

12 歌手

我是一位孤独的歌手,

凭着这颗高傲而寂寞的心,

旁若无人地自弹自吟,

这无人能懂的歌曲。

天际星星流浪,

野风弥漫荒园,

思绪向远方跑去,

寻觅他的知音。

13 言说的真意

亲爱的,我告诉您吧:

我痛心疾首地大声疾呼,

正源于对幸福和公正的渴求;

对欺骗、虚伪和无耻的无情诅咒,

正因为对忠实、光明、真诚和尊严的向往;

揭穿人生的虚妄、无聊、苍白和黯淡,

正是对人生丰盈价值的期待!

我的笔如剑如刀如戟,

我的心却似一滴泪落啊……

14 寂寞的哲人

哲人啊,你合该寂寞了。

你絮絮叨叨地呼吁常识,

世人却如羊群般向谬误奔涌。

你指明来路的荆棘和去路的榛莽,

世人却高歌猛进不加提防。

你扩大双臂阻挡错误的脚步,

世人却把你拎起来扔到一旁。

你声音喑哑了,焦急写满脸庞,

世人却诅咒你螳臂挡车。

你绝望地撕开自己的胸膛捧出那颗滚烫的心,

世人却鄙夷地掉头而去。

一声叹息在风中,

不绝如缕。

行吟

1 小溪对大海的表白

大海啊,您如此浩瀚,

如此蔚蓝!

请接受我小溪的清浅,

请接受我这谦卑的甘甜。

我已跋涉日日夜夜,

已望不到来时的起点。

我已远离了蓊郁的山林,

跃下了耸立云表的山岩。

我来了,带来了我全部的欢笑。

我来了,带来了我全部的悲叹。

向前,不回头;向前,不留连。

请允许我融入你,

放弃我的纯洁,

放弃我的尊严。

这世上已经没有我,

只有这抵达天际的浩瀚,

只有这心荡神摇的蔚蓝。

2 视角

我的朋友,

你自认渺小,
我觉你伟大。

你自认卑贱,　　　　　你自觉低下,
我觉你尊贵。　　　　　我觉你崇高。

　　　　　　　　　　　你自觉孱弱,
　　　　　　　　　　　我觉你刚强。

你悲叹着,

从悬崖跌落山谷。

我却回头,

仰视膜拜你曾登临的山峰!

3 爷爷与孙子

我的父亲最牵挂的人,

是我的儿子;

我的儿子最牵挂的人,

是我的父亲。

我的父亲走在返乡的路上,

回眸远眺我的儿子;

我的儿子走在远征的路上,

回眸远眺我的父亲。

父亲的故乡,

充塞苍苍茫茫的往事;

儿子的征途,

流溢五彩斑斓的希望。

父亲啊,

您曾经也是一位高歌猛进的青葱少年;

儿子啊,

你终将也会像爷爷那样告老返乡。

4 梅斯基希

骄傲吧！黑森林的梅斯基希，

你是一代哲人的家乡。

这里曾走出海德格尔，

他是世人心中的巨匠。

是他掀起了思的狂飙，

把哲学浊流无情激荡。

是他送来诗的柔风，

轻轻抚慰世人干涸的心房。

是他用雄浑的歌声，

试图唤醒每一位痴盲。

是他促使每一个生灵，

用异样的目光重新将这个世界打量。

他已震惊了那一个世纪，

也将成为每一个时代的太阳。

5 海德格尔

你永远是一位寻求者,

你勇敢地走进日光和月光。

你有时昂首阔步,有时踉踉跄跄;

但你日夜兼程,永远走在道路上。

这条路并非康庄大道,

而是常如九曲回肠,

这条路有曲折、有回环,

也有迷失和转向。

有时你误入歧途,

四傍无依,烟水茫茫。

但你有一颗勇敢的心,

总能为世人闯出一条思的方向。

6 思想的兄长

海德格尔,

你是我思想的兄长!

百年之后我也来了,

与你在这条路上相偕相傍。

每一个时代,

都有一个海德格尔,

长着相似的宽阔的额头,

有着相似深邃的目光。

只是斯世愈加沉沦,

时间正处于午夜时分。

只是斯人浑浑噩噩,

沉沉梦入黄粱。

只是思与诗渐行渐远,

林中路芊芊莽莽。

7 托特瑙山上的小屋

托特瑙山上的小屋,

你为全世界的哲人思量。

因为海德格尔,

曾经在这里隐居和思想。

你周遭婉丽的花林,

曾弥漫隐居者诗的情怀。

你摇曳的灯火,

曾闪出照彻寰宇的光芒。

每一位以思考为志业的人士,

都把你作为膜拜的圣地。

你已肩荷一个世纪的风雨,

并将享受世世代代的荣光。

8 煤

曾经仰望蓝天,

疯长我天堂的渴望。

我曾经轮回沧桑,

你可知我天崩地裂的悲壮!

一万年凄冷寒碜,

难道我永远见不了阳光?

一万年沉默不语。

可我不想在沉默中死亡!

我的骨和肉已经粉碎,

只有那颗骄傲的心在默默为你积聚能量。

让风吹吧,让雷炸吧,

我要浴火重生,涅槃成凰!

我已面目漆黑,

不复当年葱郁的模样。

但是这心中的爱呀,

为何更加炽热滚烫?

就让我燃烧吧!

把我这份情,烧成电,烧成光。

就让我变成灰烬吧!

只愿可爱的你温暖和坚强……

9 叹息

我不知道该用什么话语表述,

每一个词都被他们污染。

电视里说谎者口齿伶俐,

大家全都赔笑。

我突然结结巴巴,

脸子憋得通红。

赤裸着站在通衢之上呼号,

大家鄙夷地走过,

只有你停下来,

给我水,和面包,

然后静静地看着我,

叹息。

10 抚慰

时间抚慰着空间，

空间抚慰着时间，

世界已睡。

唯余我独坐在窗边，

静静思索，

淡淡忧伤，

默默垂泪。

11 请不要为我占卜

不！请不要为我占卜，

请不要告诉我未来的图景。

我愿意在晨雾里摸索着前进，

试着不被春天的笋尖刺破脚踝。

我愿意在烈日里劳作，

让汗水凝成晶莹的珍珠。

我愿意在千山万水之间跋涉，

看天边风云变幻。

我愿意与我的亲人默默地相视，

用心抚慰受伤的心。

我愿意唱一阕也许只有自己才懂的诗词,

用自己随意谱出的曲调。

我愿意写一首莫名其妙的诗,

不依平水韵, 甚至不分行。

只于其间倾注真情的血泪。

然后,我会死,

像一只白鸟盘旋落下。

我会转头,

再看一眼我曾飞过的天空。

12 晚餐

人就那样逗他的体力或有过之、智慧远为弱小的

朋友——

用一个胡萝卜吸引驴子前行,

用一只电兔子让两只狗儿赛跑,

用两片面罩让马只拉磨盘却想不到偷吃黄豆,

用一面红布引诱斗牛露出脖子与脊背的接合部,

以便斗牛士将利剑从那儿刺入,

而为人劳作一辈子的黄牛的结局,

是让主人放在大锅里炖了聚餐。

我担心宇宙中还有什么别样的,

更强力、更智慧的生命在俯瞰我们,

挑肥拣瘦地准备自己的晚餐。

13 歌者

诗人啊,你是一个歌者!
日日陶醉于自己随意歌歇的旋律。
你用歌唱欢迎这世上一切真、善、美、圣,
也用歌声对抗这世上一切假、恶、丑、俗。

你在歌韵中陶醉,流下欢乐的泪水;
又在歌韵中叹息,流下忧伤的泪水。
歌声喑哑了,喑哑了,
在这漫漫的时光中。

噢,百年后的朋友,
请在和风里翻开歌谱,
看那字词间是否还有诗人泪珠滚落?

14 诗人的特权

诗人啊,造物主赐予你特权!

原谅你自负骄傲,

接纳你僭越癫疯。

给你神笔一挥蹊径洞开,

允许你在一个陌生而异在的空间东张西望。

赐你刘翔般的强劲长腿飞跨必然和自由的鸿沟,

教你杨丽萍似的鬼魅舞步摇曳于二元序列之间。

允诺你在欲火中烧四处碰壁的有限现实中利斧破

铁劈斩出无限的可能,

放任你窃听世人灵魂最深处的生命冲动的脉跳。

微笑不语地看你胡言乱语,

陪你狂歌痛饮恣意欢谑。

允可你冒犯而不自约束,

听由你铸成大错而不加责难。

这就是造物主给你的特权!

15 国王

诗人啊!

谁许你在空无一人的旷野里奔跑?

谁许你在阒无声息的大厅里呼叫?

你是一位没有寸土的国王,

徒自戴着巍峨的冠冕。

你是一位顾盼自恋的天使,

兀自对着湖面喃喃自语。

你在芊芊莽莽中迷失，

苦苦寻找回家的幽径。

你在旷野中谛听，

谛听无涯那畔永恒的呼叫。

你在旅途中寻找，

寻找神秘显露的幽微的踪迹。

你在思想的尽头趺坐，

静观灵魂从心田里孕生。

你奉献出自己全部的心血，

只为染红这苍郁灰色的世界。

16 距离

你是一位不合流的诗人,

被迫小心翼翼地保持着与世界的距离。

你戴着五色花环,

却被世人围观嘲笑。

你精心拣来珠贝,

却被世人丢弃践踏。

你歌唱美妙的曲调,

却被世人认为呕哑嘲哳。

你无奈地隐居诗丛,

却又被世人无情驱赶。

17 换脸术

诗人啊，为什么你的诗句有时怒气冲冲，

有时却又娓娓动听？

为什么你的性情有时狂态毕露，

有时却又直率坦荡？

是谁让你的眼神有时灰暗忧郁，

有时却又亮如闪电？

你本就是被造物主宠坏的孩子啊！

世人也会心疼你，体谅你。

18 双面像

诗人啊,你的脚步或前或后,

你的思想或左或右,

你的意志或隐或显,

你的情感藕断丝连。

      逻辑与荒谬,

      在你的心里一起捆绑,

      你在真实与梦幻相会的边缘,

      跌跌撞撞。

19 疯人院

诗人啊,你感动了自己,

却全然不知别人的冷漠。

你约束了自己,

却全然不知别人的冶荡。

你在镜子的前面疯狂地跳舞，

独自欣赏着自己的身影。

你高声朗读着自己凌乱的诗句，

无视别人掩耳和皱眉。

你用尽一生努力去建造一座疯人院，

却又把自己关了进去再也没有出来。

20 淹没

诗人啊,你临窗而坐,

眼前的世界让你惊讶!

那无际的春海,

正激情泛滥。

万紫千红之间,

春意纵横。

周遭的春色,

要将你淹没了。

21 雕像

诗人在晨曦中醒来，

傍在高楼的飘窗。

羲和神车正从晨露中疾驶而来，

诗人的眼前一片敞亮，

胸中也一样地豁然开朗。

诗人唱出了喜悦的歌，

那歌声越过千林万壑，

流溢四面八方。

可他又默然垂首，

悲愁与孤寂掩入清眸。

就在这晨光之中，

就在这高楼之上，

诗人快站成雕像了。

22 哀愁

诗人啊!

谁知你美妙的歌声中,

包含着浓郁得化不开的烦恼。

谁知你轻快动人的曲调里,

深藏着哀婉和悲泣。

谁知你深切抒情时,

掩盖着对灵魂的苦苦寻觅。

谁知你清明畅达的论辩下,

隐瞒着无家可归的哀愁。

23 无常的无奈

我是一个孤独的船员,

日日摆渡于灵河的两岸。

可惜去往彼岸的游客,

从来都是一去不返。

我不忍了,只想稍稍停歇,

暂且随波逐流。

可是此岸的旅客又在争闹,

高声催促。

我和我的影子执手同行,

惊悸的夜鸟拍翅不知飞向何处,

夜空清冷,天际的歌声响起。

请许我以心弦伴奏,

吟一曲永恒的离歌。

24 梦

梦中,灵魂不堪肉体的拘缚,

月光下悄悄逸出。

它攀着月华绣就的银线,

去亲吻润露欲绽的花骨朵儿。

在细雨中梳理关于孩提和青春,

关于琅嬛和云山的回忆。

轻轻抚去有情人儿眼睫上的泪珠,

或者逆风而行,在千山万水间飘忽。

梦醒的刹那间,灵魂迅即赶回,

灵肉重新结合,去面对这纷扰的尘世。

25 秘密

是的,朋友,

您永远无法知晓我的秘密。

我的秘密太多太多,

它们全部隐藏于我的生命之中。

  我只能告诉您,

  我是一个狂喜的诗人和忧伤的俗人。

    我小心翼翼地藏起那巨大的欢欣,

    我无法与他人分享突然发现的短暂欢乐,

    以及幻象消逝时的悲伤。

我在孤独中壮大,

在孤独中老去,

也将在孤独中走过人间。

26 你带手绢了吗

嗨,你带手绢了吗?

今天可能用得着。

我的马逃逸了,

不知它到底中了什么魔咒。

黑暗四至,

我听到一声狞笑。

我小心翼翼地抱着我的奥秘,

时间一久竟忘了那是什么。

周遭的脸千人一面,

我用叹息寻找叹息,

用哭泣回应哭泣。

谢谢你的手绢,

它绵软,细密。

27 拿起笔

拿起笔,我睥睨所有的权威,

蔑视这世上所有的君王。

我将世俗的训诫掷于山谷之中,

将偶像弃若敝屣。

那些宏大的、崇高的、厚重的、深远的事物,

我都毫无兴趣与其接触,

却深情地蹲下来对着一朵小花轻诉。

驰突奔竞、无暇停下的世人啊，

我该怎样向您说这些事情？

您怎会明白那小花的绮丽无比？

您哪有机缘欣赏到——

那盈在花瓣上的清露里闪耀着的神性的光彩？

您的耳朵也听不到——

那沿着曦光顺溜下来的神奇的音乐。

您既不懂瞬间，

也不懂永恒。

28 前天、今天和明天

前天，我听从神明的喻令。

匍匐在他的脚下，

仰视着无解的虚空。

将羸弱的生命带入澎湃的生命共同体，

无喜亦无怖。

昨天，我服从英雄的指示，

伟大领袖是我行动的导师，

舵手指引着航行的方向，

我随大家伙儿一道前进。

可今天啊，我终于站立在自己的土地上了。

我试着发出自己的声音，

但声音微小而喑哑，

顷刻又淹没在众声喧哗之中。

我试着行走，

可向哪里跨出自己的第一步啊？

我四傍无依，茫然四顾，

但田园牧歌已随童年远逝。

身后已无退路，必须向前。

这时我不能请示英雄的指导，

因为我已逼着英雄退隐。

我也不能说，神呀，请赐我力量！

因为我已亲手将神赶走，

连最远的星球也没有留他栖身。

29 逃跑的文字

中夜，我猛地坐起，

那些文字从额前、发际，

正在逃跑。

零乱的队列，

匆匆地集合，

细碎足音渐远渐悄。

      云雀叫醒拂晓，

      我听到万物在浅笑。

      那些文字我都认得，

      它们在草丛、花间、林梢。

      就连邻家的小狗狗，

      眼神里也透着玄妙。

      那些文字逃出了我的掌握，

      我只能在大千世界里寻找。

30 依旧

依旧江南芳草地,

依旧江南杏花雨,

渐渐远去了如诗如画的油纸伞,

曾经江南,曾经少年,如痴如醉……

依旧唱着你的词,

依旧吟着你的诗,

独上高楼望断了江南千里远,

浔阳江头,小孤山下,寻寻觅觅……

在哪里？在哪里？

在哪里？在哪里？

请你别再云间雾里去东又去西。

在哪里？在哪里？

在哪里？在哪里？

请别再让我的心在风中雨里流泪。

在哪里？在哪里？

在哪里？在哪里？

请你别再云间雾里去东又去西。

在哪里？在哪里？

在哪里？在哪里？

请别让我的心在风中雨里流泪……

31 最柔江南风

江南的雨儿,江南的风,

江南的少年走在雨中。

江南的风儿,江南的雨,

江南的姑娘舞在风中。

风恋着雨儿,雨恋着风,

多少柔情飘荡在江南风雨中。

雨恋着风儿,风恋着雨,

多少爱恋缠绵在江南的风雨中。

一千里一万里,

我要去江南,

江南有你我遗落的旧梦。

山几程水几程,

我要去江南,

江南有你我前生的约定!

32 忆江南

碧绿的江,逶迤的渠。

清晓的古渡,噢,

烟雨迷离。

                泼浏浏的桨,欸乃的橹。

                江南的情歌,噢,

                江南的舞。

                              吴国的腔儿,越国的语。

                              吴腔越语里,噢,

                              多少情意?

                                            唐朝的诗,宋朝的词。

                                          旧梦如烟,噢,

                                          梦境绮丽。

忆江南，忆江南，

江南风物旧曾谙。

忆江南，忆江南，

江南江水绿如蓝。

忆江南，忆江南，

沉醉自在山水间。

忆江南，忆江南，

梦的小舟何时还？

33 江南曲

山雍雍,

水溶溶,

梦境烟波几千重?

今宵复相逢。

画楼高,

兰舟摇,

郎吹笛儿侬吹箫。

杏林月儿高。

一首诗,

一首词,

阮郎一去无消息。

千山雨如丝。

杭州桥,

苏州桥,

绮梦春风正年少。

江南花枝俏。

34 苏小小

雨中一点豆蔻,

已香遍唐诗和宋词。

而你白色的裙裾,

仍在江南飘飞。

香车吱呀,

碾过断桥几回?

纤纤皓腕,

轻启彩色窗扉。

真耶幻耶,

此刻天花如雨。

惝恍迷离,

可怜远寺钟声。

钱塘小小，

你是谁的梦境？

寂寞空冢，

难掩几许诗情。

一瓣心香，

恨不当时携手。

神游惊断，

未审往世今生。

去也去也，

欲驻如何能够！

诗笔摇曳，

且约诗林重逢。

35 爱人

你是我常读常新的篇章，

你是我日日吟诵的诗经。

这诗中有你每一丝的声息，

你每一丝声息都让我感动。

诗里也有花开和花落，

你的每一次花开都让我狂喜，

你的每一次叶落都让我沉静。

我的爱人,

你是我面对的自然。

自然里有白云和彩虹,

有野花芳香,

有溪流淙淙。

我的爱人,

你就是我的世界。

这世界里有天空的深邃,

有长河的波影。

噢,我的爱人,

我不知怎样把你称颂。

我只有,

默默爱恋,苦苦相思。

深深景仰,虔虔供奉。

36 问梦

为何——

屡屡做着同一个春梦,

为何——

梦中屡屡走上同一条花径?

为何——

花径屡屡浥润着同样的清露?

为何——

清露又屡屡在我快乐时跌破梦境?

莫非——

我就是前世的花童?

莫非——

前世日日走在氤氲的花径?

莫非——

在花园夜夜听你甜美的欢歌?

莫非——

又远眺你的裙裾飘荡在无边的花中?

可是——

我从未见到过你的颜容,

我只屡屡听到你的歌声。

我从未看清你的身姿,

我只目送你的裙裾远去在无边的花中。

37 我的女神

请允许我来到你的窗前,

请允许我与你微语轻吟。

我的粗犷和狂野已全然不见,

我完全变成了一位多情的诗人。

我已走过了千山万水,

也曾经历了兵燹饥馑。

风雨苍老了我的额头,

却为何一见到你,

我的心头又溢满了温存。

我的女神,

你依然细步纤纤,

软语娇音。

时光在你神秘的花园中停滞,

花香依然润红着你的双唇。

许我掷去戈矛吧,

我的女神,

依偎着静坐在芳香的暮春。

蜂儿在花间尽情地歌唱,

蝶儿双飞在清水之滨。

可我又要出发了,

我的女神。

号角已响,

队伍踏起了漫天的烟尘。

别了,别了,

我的女神。

倘能再见,

请仍准备好,

芳香的酒樽。

38 红莲

红莲开放的晚上,

轻烟浥润了南塘。

步儿在水边悠游,

魂儿却在莲间飘荡。

这温馨的迷茫,

在我心头开放。

我默默地流泪,

为着这夜风中的芳香。

那香的氤氲里,

见你莲的模样。

一样洁白在月下,

一样亭立于心上。

啊，我心爱的姑娘，

裙裾在我梦中微飏。

我在春风中沉醉，

红莲开放的晚上。

39 我在这儿等待

我在这儿等待，

等待着我的真爱。

可你却总是不来，

我的心里布满阴霾。

我的心布满阴霾，

可你却总是不来。

为了我的真爱，

我在这儿等待。

啊，心爱的姑娘，

请你快快到来。

来伴我唱歌跳舞，

驱散我心中的阴霾。

哪里还有什么阴霾，

我的心已充满真爱。

我们的舞已辉耀大地，

我们的歌已飘散天外。

哎呀，都怪这池上的风，

吹醒了我的迷梦。

柳条儿嘲笑我的孤单，

月牙儿嘲笑我的伶仃。

我在这里等待，

等待着我的真爱。

真爱呀你何时到来，

来驱散我心里的阴霾。

40 初相遇

初相遇,你在珠帘之后。

任我在阳光下热舞,

你只轻启朱唇,

轻吟少年不懂的诗词。

那轻吟正如雷鸣,

那叹息不啻疾风。

少年愕然罢舞,

四顾时却茫然懵懂。

一切都归于风烟,

风烟飘走诗中的故园。

蓦然回首已不是昨天,

可惜已不见那珠帘。

卷珠帘,卷珠帘,

唐诗宋词已远。

少年啊,茫然回顾,

故园的风烟正远。

卷珠帘,卷珠帘,

哪里寻找青葱的少年?

卷珠帘,卷珠帘,

故园的风烟已远。

41 看到了那道彩虹

看到了天边那道彩虹,

还有那阴雨过后的晴空。

这样的天空似乎那时多多,

漂泊岁月无暇多梦。

少年的天空天天天蓝,

那时的情怀却空空洞洞。

裙裾飘过青草池塘,

姑娘的眼神迷离又空蒙。

只可惜那时我不解风情,

无礼地百般把你捉弄。

水蛇和虫子其实也没有恶意,

我只是喜欢你的惊叫声。

哎,当初我总是懵懵懂懂,

哪晓得眼神还会说些事情。

回想起你的那次回眸，

后悔我当初为何懵懵懂懂。

时钟的指针它滴滴答答，

流水啊它日夜流个不停。

青年心事已郁郁葱葱，

姑娘啊，是否还在水边久等？

行装已整理好了，

今天我就回程。

回乡寻找我美丽的姑娘，

告诉你，你日夜在我的梦中。

我看到了那道彩虹，

也看到了雨后的晴空。

它是如此的纯美，

一如你清亮的眼睛。

42 故乡的姑娘

啊,故乡里我最心爱的姑娘,

谢谢你在我眼中绽放俏丽的模样。

你的话儿轻柔就像月光轻洒,

你的目光温存如同溪水一样。

啊,这记忆是如此的悠长,

思念如潮水漫过少年的时光。

那裙裾还在风中轻轻飘扬,

马尾辫一甩搅乱夜夜梦乡。

啊,姑娘啊,我心爱的姑娘,

我已漂泊在异地他乡。

一别多年时光匆匆,

你在故乡是否无恙?

啊,姑娘啊,我心爱的姑娘,

我已漂泊在异地他乡。

一别多年时光匆匆,

你在故乡是否无恙?

43 麦浪

五月里杏儿黄,大地起麦浪,

田垄上走来了我的好姑娘。

青衫儿,花裙子,红红的脸庞,

好姑娘,好姑娘,我的好姑娘。

却为何，却为何她垂下眼睫，

晚风里，晚风里独自惆怅？

姑娘啊，姑娘啊你为何叹息？

姑娘啊，姑娘啊你为何忧伤？

麦儿青麦儿黄，又是五月天，

你却还打工在他乡。

你那里只有高楼百尺，

你那里哪有这麦浪金黄。

城里人乡里人太不一样，

城里人不离开心爱的姑娘。

你却总是背井离乡，

见一面又分别一年漫长。

麦浪里（脚手架下）我拿出智能手机，

视频里又见到心爱的情郎（姑娘）。

你（我）赶快你（我）赶快订票，

今夜里火车正回家乡。

姑娘啊，姑娘啊，欢跳吧姑娘，

田垄上华尔兹俏丽的模样。

待到明天清晨里东升太阳，

村东头来迎接（再见到）我的情郎（姑娘）。

麦浪啊，麦浪啊，金色的麦浪，

你（我）赶快你（我）赶快回家乡。

一千里,一百里,故乡在望,

明晨里就见到梦中的情郎(梦中的姑娘)。

麦浪啊,麦浪啊,金色的麦浪,

你(我)赶快你(我)赶快回家乡。

一千里,一百里,故乡在望,

情郎啊(姑娘啊),情郎啊(姑娘啊),

我的情郎(我的姑娘)。

44　江南旧约

江南旧约，

柔风一缕，

烟雨纵横。

　　　　　　眼前南浦，

徒饮寂寥，　鸥盟醉眼，

只是佳景，　人似浮萍。

没有良朋。

　　　　　　待从头，

　　　　　　收起心事，

　　　　　　学琴筝筝。

45 晚秋

秋色中红树对饮着青山,

溪水旁你又拨动了琴弦。

年少的青春啊,

还剩多少悲欢?

恼人的秋风啊,

昏花了我的青瞳。

漫天的风雨啊,

摧残着你的红颜。

独立晚秋心事一杯酒,

独立晚秋万山多少愁?

独立晚秋谁在林间歌?

独立晚秋谁作风前舞?

晚秋……

46　另一个我

我的心中,

有另一个我。

我的心事,

总先被他捉摸。

我在林边漫步,

他在暗寂里跟着。

我猛地回头,

他又在树影下逃脱。

这个讨厌的小我,

想舍却舍他不掉。

我赴爱的约会,

他无礼地大喊大叫。

只盼我的心事,

不要被他到处传说。

我谦卑地揖让,

他却放肆地纵情大笑。

我向造物主祈祷,

让他与我完全重合。

莫让爱我的人与我爱的人,

分不清哪是真哪是假的我。

47 流浪之歌

河面上笼罩着，

朦胧的轻纱。

暮色里晚风说着，

缠绵的情话。

谁赤足顶着，

汲水的瓦罐？

谁在河边又弹起，

动人的琵琶？

河水啊，日夜流，

春秋和冬夏。

岁月啊，在变换，

绚丽的图画。

故乡的林木啊，

叶生叶落。

故乡的孩子啊，

已经长大。

行吟

遥远的故乡啊，
我心爱的家，
夜夜在我梦中，
开着寂寞的花。
我流浪的脚步，
已走遍四方。
故乡的红手绢，
挂满树丫。

一千里，一万里，
我思念着家。
多想回家依偎，
慈祥的老妈妈。
紫薯的小米稀饭，
老爹的大海碗。
痴情的小酒窝，
等着月下。

故乡啊，故乡，
我永远的梦，
梦醒又是，
海角天涯。

亲人啊，亲人，
我又要去流浪。
为了心中的梦，
我又出发……

48 我的心在天地间流浪

我的心在天地间流浪,

无人说得清它的方向。

无人知我为何在别人狂欢时无言地流泪,

无人知我为何在夜林间独自徜徉。

我的心在天地间流浪,

谁能把握它的方向。

谁伴我在片刻间享受欢娱,

谁知我在人们的视野外永久地忧伤。

我的心在天地间流浪,

云霞虹霓揣测它的方向。

我常常想抓住闪电的尾巴,

却往往喘息在雨后的山上。

我的心在天地间流浪,

四季的风追随着它的方向。

看它在芳草间短暂停留,

看它在波峰浪尖扬帆远航。

行吟

49 在秋风里唱一支歌

在秋风里唱一支歌,

这于我比较适合。

只是这歌不知为谁而唱,

谁又能辨识出这歌的曲调?

在秋风里吟一首诗,

这于我比较合适。

只是这诗不知为谁而吟,

谁又能理解这诗中的别意?

也许我应在秋天什么也不做,

只在秋色里一杯在握。

尘事于我已无牵扯,

斜阳又在千峰那畔沉没。

50 江南燕

燕子,

在江南,

双栖又双飞。

春风儿斜,

春雨儿细,

栏杆边人儿凄迷。

燕子,

飞江北,

依稀传伊人语。

燕语诗,

燕语词,

怦然我心已知。

燕子,

双双飞,

江南又江北。

箫声远,

风雨急,

伊人啊你在哪里?

燕子,

双飞去,

带去我的情意。

几杯酒,

几首歌,

醉乡里不如归去。

51 小船(圆舞曲)

春花氤氲的湖面,第一次放下小船。

年轻的小伙子哟,欢乐溢满双眼。

小船啊,小船,荡漾微波湖面。

小船啊,小船,荡漾微波湖面。

青春欢歌只觉浅,春风化雨缠绵。

年轻的小伙子,忧虑溢满双眼。

只求别起风暴啊,吹翻这木兰船。

只求别起风暴啊,吹翻这木兰船。

美丽的姑娘本是小伙子的初恋。

小伙把姑娘日日夜夜地思念。

只愿别起风波,把这初恋打散。

只愿别起风波,把这初恋打散。

蜂儿把花儿追逐,花儿把蜂儿眷恋。

蜂儿与花儿哟,谁也离不开春天。

但愿春天永驻,秋风永不吹来。

但愿蜂儿与花儿,永远永远相伴。

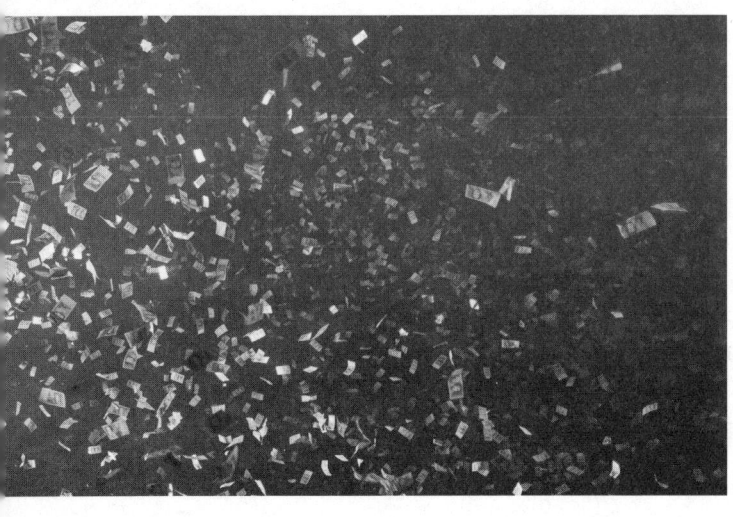

俪歌

1 赠予

春的赠予,

是嫩芽一枝。

群鸟振翅般带来,

一天一地的生机。

夏的赠予,

是风荷南塘。

无伴奏合唱,

让燠热重返清凉。

秋的赠予,

是弦月半轮。

轻叩寂寥的窗棂,

抚慰诗人狂躁的心。

冬的赠予,

是白雪千山。

亘古的宁静,

抚慰我纷乱的心田。

亲爱的造物主。

我拿什么赠予您呢?

唯有微笑着,

依傍在您的身边,

并聆听您的缄默。

2 祈祷

何时淫雨停止,

天空重新放蓝?

何时阳光绚丽,

树叶再度斑斓?

何时恋人真心去爱,

不再精于计算?

何时人们敞开心扉,

自由言谈?

何时孩子擦干眼泪,

拍手相迎鸟儿起落于庭院?

何时不再讪笑着欺人欺己,

何时真诚重返人间?

3 歌的历史

少年唱一首歌,

这首歌只愿献给心爱的姑娘,

却为何嗫嚅不敢发声?

少年的脸红了,心跳了,

身体就像振翅欲飞的小鸟。

但弦索还未调协,

曲子还未谱好,

歌词还未填充,

只有热望在少年的胸中挣扎。

风儿吹来,又吹去,

花儿开放,又凋零,

雨丝儿直,雨丝儿斜。

一声叹息,

不知何处起,

何处去。

少年的弦索终于调协,

曲子终于写好,

歌词也已填充。

可姑娘早已红颜不再,

少年的额头也已沟壑纵横,

老翁的歌声喑哑,

老妇也舞姿难成。

只有白发瑟瑟,

在这四野的晚风之中。

4 怕

我爱的人儿,

不要急于告诉我那三个字,

那三个字里有着我生怕的隐衷。

我怕那快乐将我淹没,

我怕那狂喜使我发疯!

我怕那山呼海啸破坏周遭现存的秩序,

我怕那愉悦在大地草海激起飓风!

我怕那花丛开得过于绚烂,

我怕那泪水溢满我的眼瞳!

我怕阳光和月光相互交缠,

我怕这一切隔断死与生。

5 勇敢的源泉

心爱的,

我本来只想做你花园里的园丁,

你却让我坐在你的身旁。

我本来只想遥望你的身姿,

你却与我轻轻相拥。

我本来只乞求你怜我,

你却对我说你爱我。

我本来只习惯于轻吟一首诗,

在无人的角落。

你却让我纵情欢歌,

在天地之间。

心爱的,

我的勇敢皆拜你所赐,

我通过你走向世界。

6 疯子的歌

这孤独的疯子,

在人们的睥睨中,

骑一匹瘦马惊惶地逃离。

四野的风凉啊!

那位最美的姑娘,

却为马儿送来馨香的青草,

为疯子送来饭菜和清酒。

并用她红色的丝巾，

缠绕他羸弱的颈项，

诱他唱出低哑的歌声。

7 忍心

你竟忍心!

忍心让我独自一人,

日日走过那片寂寥的紫芒花野。

天苍苍,野茫茫,

每每向晚四面风至,

吹得我心事翻涌。

红黄紫白,

天地已属秋的王国。

独自惆怅,

久久眺望你的方向。

恍惚间,

听到你歌声如缕,

足音如梦。

8 含羞浅笑

雨横风狂的夜晚,

我金戈铁马而来,

怒火烧红了我的眼睛。

心爱的,

你正临窗俏立,

含羞浅笑。

眸子里晴空万里,

微笑如绵绵春雨。

我停下了冲杀的脚步,

是你——

永系我横流四海的心。

9 心事

我真想有一个聪明的大脑,

让我读得懂,

你为何有时扬眉有时颦眉。

我真想有一双强健的翅膀,

拍荡九百里的风云,

让横亘我们之间的千山万水联通。

我真想有一幅英俊的面容,

在我分花拂柳时你怦然心动。

我真想有一支画家的笔,

蘸浸润花香的清泉,

细细描绘你临风之姿。

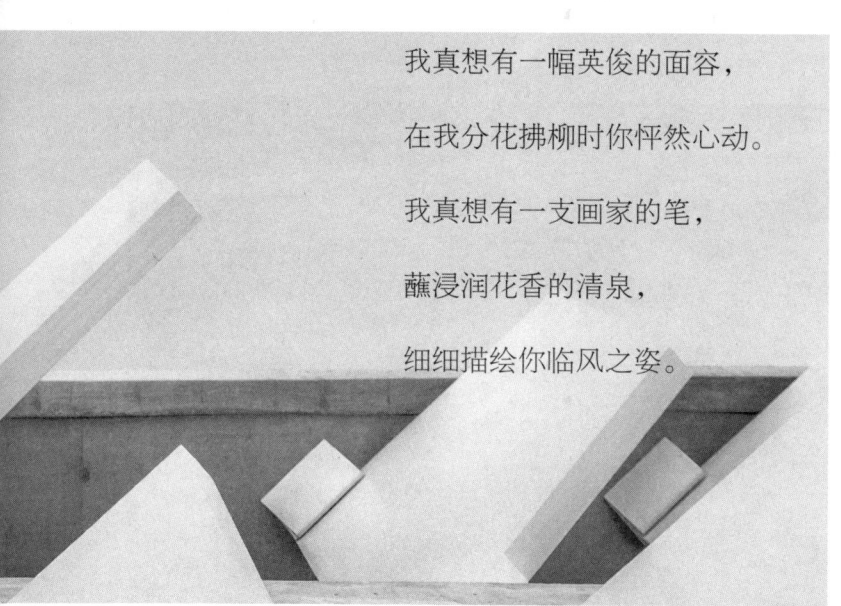

我真想有一双包治百病的手，

轻抚你经霜的渐憔悴的容颜，

让你重新恢复青春的微笑。

可是呀，我没有这些，

有的只有一颗滚烫的心，

夜夜在千山万水之外，

为你祈祷。

10 倔强的歌者

我是倔强的歌者，

夜夜歌唱在你的窗前，

只盼着那多情的南风，

偶尔掀起你清雅的窗帘。

不要嗔怪我的固执，

也不要将我驱赶。

我已跋涉了千山万水，

忘记了当初的故园。

你若真的不愿，

我立即停止歌唱，

秋风已吹老我的容颜，

芦荻也愁白了我的头发。

我背起我的行囊，

再次流浪在人间。

11 逃跑与等待

心爱的,彩灯和弦歌使我害怕,

我逃离了喧嚣,

独坐在荷池旁的台阶。

这儿花香氤氲,

微风从水面吹来,

月色正好。

心爱的,这是你回家时必走的路径,

就让我在这儿等待吧。

聚会终于结束,

你从我的眼前飘然走过。

我在心里大声为你唱一曲情歌,

可是出口的声音却小而又小,

小得连蝶儿的梦都未惊醒,

连水中的鱼儿都未觉察。

我的歌声很美,

可也只有自己听到。

你的青衫与嫩草一样碧青,

你的衣袂像云朵一样拖曳,

你的眼神比天上的星星还要清亮。

你翩然而去,

唯余一缕馨香,

久久不散。

俪歌

12 爱我，一如我爱你

爱人啊！

请不要逼我敞开心扉。

请允许我独坐心房某一角落，

独守我的秘密。

请不要检视我的伤口，

请允许我在幽林深处养伤，

只向你展示欢跳的身姿。

请不要翻阅我的初稿，

也不要问我夹在旧日记里那枚枯叶。

那叶，曾是如此丰盈啊！

请不要追问我为何流泪，

在我眼望远处的虚空之时，

我不忍骗你说那是风吹使然。

请不要埋怨我的沉默,

我常常跨过了语言的尽头,

眺望无限的博大深弘。

请不要期望全部地了解我,

爱我就够了,一如我也爱你。

13 遗书

读陆幼青《生命的留言——死亡日记》,突有所感,因有此诗。而此时,内子正甜甜入睡。

我若死去,

请不要在我的灵前哭泣。

亲爱的,我的魂灵,

已飞越千山万水。

俪歌

当第一缕阳光照耀，

亲爱的，请留意那浥露的新叶。

那上面闪烁的熠彩，

是我对你的微笑。

当你劳作，汗湿衣襟，

亲爱的，

请许我化作一缕清风，

逗弄你美丽的衣裙。

吃饭的时候，

请不要放置我的碗筷。

亲爱的，现在我食用的，

仅是甘甜的清露和深山馨香的空气。

当你凭窗而立,

可听到我在斜阳的眩光中,

为你演奏的华尔兹?

亲爱的,可惜你看不见,

我伸向你的邀舞的手。

而当你入睡时,

仰着美如鲜花般的面庞。

亲爱的,你为何流泪?

请许我,请许我,

轻吻去你脸颊上的泪珠。

14 乡下的少年

我注定是乡下的少年,

却被迫游走于城市的街道,

心儿永恋广阔的田野,

怀恋泥土的气息,

灵魂逃逸行于于青草和芳林。

以风为笔,

抒写野花与庄稼的清香,

当甜蜜从爱情的枝头滴落,

我不由地号啕大哭。

你知道，我的梦清瘦，

一如村南摇曳的秋苇。

我的泪清澈，

一如林间澄明的月光。

15 一棵树,一个人

一棵树,

春叶竞生,

夏花妩媚,

转眼间秋叶飘零。

青葱的念想,

只能在冬雪下祈盼下一个春天。

一个人,

从婴孩儿的蹒跚学步,

之后赳赳壮壮或亭亭玉立,

再后又佝偻伫扶杖而行,

最后像枯枝败叶一样颓然倒下。

一生何其短暂,

梦来梦去之间!

16 回眸

最是那秋深时的回眸，

落叶最牵愁。

古院深幽，

黄昏时候，

斜阳楼外楼。

微风吹着谁的发，

肠断白萍洲。

且遣一点鸥，

白首忆旧游。

17 更漏子·咏江南

青松影，

红灯彩，

何处柔曼歌声？

红唇湿，

腰肢软，

深情最款款。

相思树,

流年度,

回眸经年去处。

梦三更,

恨三更,

偏逢雨霖铃。

18 风舞袂

风舞袂,

相思已成灰。

雨敲窗,

人儿是否入睡?

红豆一杯酒,

相思已成灰。

触摸梦的边界,

情感已无法逃回。

月隐了,

花谢了。

风停了,

雪融化了。

红豆串起了当年的记忆,

记忆里往事点点滴滴。

泪水湿了谁的眼睫,

夜风吹彻了谁的白衣?

一支笔,

写不尽柔情蜜意。

声声唱,

唱不尽春光旖旎。

19 我的太阳,我的姑娘

我是秋天的一片残云,

无主地在忧郁的空中飘荡。

寂寥是我空旷的情怀,

无聊是我永恒的忧伤。

俪歌

你是我生命中灿烂的阳光,
刹那间照亮我幽暗的心房。
微风中不由我欢愉地微笑,
狂飙里我又会狂喜地高唱。

啊,我青春里最可爱的姑娘,
你让我的生活充满阳光。
不再叹息,也不再彷徨,
歌唱着舞蹈着来到你的身旁。

谢谢你谢谢你,我生命中最美的太阳,
我生活里又充盈饱满的希望。
前面的路虽然曲曲折折又漫长,
有了你的爱我将勇敢走在前进的路上。

铙歌

1 春之欢歌

我歌唱明亮的阳光,

照耀在金色的沙滩上。

孩子们快乐地跳啊唱,

天地一派欢畅。

我歌唱那清风鼓荡,

一千年轮回沧桑。

海燕子激情地翻飞翱翔,

翼尖掠起波浪。

我歌唱心中的狂想,

九万里长天云扬。

闪电击醒了四大洲七大洋,

思绪飞向玉宇茫茫。

2 真正的爱

爱是炽热的阳光,
击破三冬的严霜。
唤醒沉眠的眼睑,
振飞翱翔的翅膀。

爱是那天风鼓荡,
一路带来春的歌唱。
慰藉寂寥的情怀,
吹开浪漫的衣裳。

爱是雨夜的灯窗,
劈开黑幕茫茫。
指点暗礁和险径,
迎接小舟的归航。

爱是花的芳香,
氤润有情人的心房。
快乐时由他快乐吧,
受伤时为他疗伤。

这就是真正的爱呀,
前路是共同的方向。
不束缚也不控制,
执手是青春的模样。

3 归来

我的身姿,是风驰电掣。

我的车速,是一百二十迈。

我的心儿,已急不可耐。

可远方的家,还在天外。

村口的倩影,是谁在守候?

长发啊飘飞,徘徊在桥头。

口儿吟唱的,是什么情愫?

却为何,却为何,脸儿羞羞?

春天离家,我四海飘游。

为了理想,我打拼奋斗。

秋风又吹,少年头。

家乡的她呀,蜜桃已熟。

— 铙歌 —

我的身姿,是风驰电掣。

我的车速,是一百二十迈。

我的心儿,已在村外。

姑娘啊姑娘,我要归来。

我的身姿,是风驰电掣。

我的车速,是一百二十迈。

我的心儿,已在村外。

姑娘啊姑娘,我要归来。

我要归来,我要归来,

我要归来,我要归来,

归来!

4 回来吧,孩子

不问你为何离去,不问你为何一去不回。

不问你的流浪,有多少辛酸的泪水。

到底是多大的诱惑,让你一个电话也不打?

到底是什么样的恐惧,让亲人久久地分离?

回来,孩子,停下你流浪的脚步。

回来,孩子,回到你熟悉的村口。

别怕,孩子,停下你匆匆的脚步。

别怕,孩子,回到你熟悉的家里头。

不见咱村南的芦花,已凋零相思的白絮?

不见咱心爱的娘亲,天天在村边守候?

不见咱屋旁的老枫树,正愁红纷乱的叶脉?

不见娘亲泪流啊,夜夜浸湿枕头?

回来,孩子,停下你流浪的脚步。

回来,孩子,回到你熟悉的村口。

别怕,孩子,停下你匆匆的脚步。

别怕,孩子,回到你熟悉的家里头。

你可听见,娘亲的呼唤,穿过那边沼泽地?

你可梦见,娘亲的容颜,怎禁得起秋雨淋漓?

咱的娘亲,正孤单,随那芦花已老。

咱的娘亲,正苦悲,多少魂牵梦回。

回来,孩子,停下你流浪的脚步。

回来,孩子,回到你熟悉的村口。

别怕,孩子,停下你匆匆的脚步。

别怕,孩子,回到你熟悉的家里头。

别怕,孩子,回到你熟悉的家里头。

别怕,孩子,回到你熟悉的家里头。

别怕,孩子,回到你熟悉的家里头。

别怕,孩子,回到你熟悉的家里头。

5 流连

来吧,朋友!

请放下心中的烦恼。

来吧,朋友!

一起来尽情地欢歌。

来吧,朋友,

来一起奔放地舞蹈。

唱一首老情歌,

驱散心中忧。

跳一曲华尔兹,

应和晚风的欢笑……

撒撒欢儿,正正好,

烦恼不要来找我。

撒撒欢儿,正正好,

痛苦不要,不要。

铙歌

你看那花儿艳,

蜂儿蝶儿应节而舞。

你听那鸟儿唱,

歌唱快乐无限。

可笑傲天地间,

人生须臾百年。

莫相弃,请珍惜,

珍惜这相聚时刻。

华灯上,已向晚,

朋友啊,能否再见?

且流连,且流连,

流连在这南塘柳岸。

朋友啊,盼再见,

再见于美好明天。

莫相忘,莫相忘,

曾经青春的脸。

啊,流连,啊,流连。

啊,流连,啊,流连。

流连……流连……

6 越野之歌（为"越野e族"而作）

我要陪你一起去远方，

放下重负，腾空心房，

没有烦恼，没有忧伤，

不惧前路崎岖又漫长。

我要陪你一起去越野，

塞北青草，西藏的冰雪，

大漠风沙，战旗猎猎，

江南诗情，人间啊四月。

嘟（嗯）——

篝火烧起来,酒杯举起来,

东西的朋友,一起乐开怀。

歌儿唱起来,舞姿扭起来,

南北的朋友,一起乐开怀。

篝火烧起来,酒杯举起来,

东西的朋友,一起乐开怀。

歌儿唱起来,舞姿扭起来,

南北的朋友,一起乐开怀。

COME ON!

COME ON!

篝火烧起来，

酒杯举起来，

歌儿唱起来，

舞姿扭起来。

乐开怀，乐开怀，

乐开怀，乐开怀，

乐开怀，乐开怀，

乐开怀，乐开怀——

（歌声、鼙鼓、音乐戛然而止，回声远归，四野空寂）

7 兄弟姐妹来越野(为"越野e族"而作)

大家一起来,一起来越野,

大河上下,长城内外。

大家一起来,一起来越野,

晨昏寒暑,风霜雨雪……

大家一起来,一起来越野,

春天花开,秋天草衰。

大家一起来,一起来越野,

大漠风烟,千山寒月。

举杯悲喜泪,

共醉清秋节,

相逢一抵掌,

忧苦抛天外。

无兄弟不越野,

看我车尘滚滚战旗猎猎。

无姐妹不越野,

听我歌声悠扬箫声呜咽。

兄弟姐妹来越野,

任四季轮回晨昏日夜。

姐妹兄弟来越野,

相逢人间好时节。

举杯悲喜泪,

共醉清秋节,

相逢一抵掌,

忧苦抛天外。

举杯悲喜泪,

共醉清秋节,

相逢一抵掌,

忧苦抛天外。

8 最美格桑花（为"越野e族"而作）

日出的草原，

生机无限。

白衣的少年，

快马加鞭。

格桑花送给，

美丽的姑娘。

英雄儿女，

并马驰骋，

并马驰骋在，

多情的草原。

清清的闪电湖，

巍巍的大青山。

勇敢的蒙古人，

代代绵延。

格桑花开满，

马前的草坂。

勤劳民族，

豪迈驰骋，

豪迈驰骋在，

美丽的草原。

噢……噢……

多情的草原，

格桑花格桑花，

日日开放在我的心里边。

噢……噢……

美丽的草原，

格桑花格桑花，

夜夜开放在我的梦里边。

9 天苍苍，野茫茫（为"越野e族"而作）

草原如此宽广，

我骑着马儿回故乡。

亲人已逐水草去，

天苍苍啊，野茫茫。

天苍苍啊，野茫茫，

漂泊游子思故乡。

不见亲人们的面，

我的泪水向下淌。

时光就像流水一般样，

日夜向前不停地流淌。

阿布额吉在呼唤，

心儿早回老毡房。

还有美丽的姑娘,

绕我梦啊牵我肠。

当年送行你骑白马,

眼神凄然又惆怅。

姑娘姑娘在哪里,

是否当年青葱模样?

闪电湖畔长相伴,

我牧马来你放羊。

马儿马儿快些跑,

阿布额吉在呼唤。

星儿指引我方向,

水草深处是故乡。

天苍苍啊,野茫茫,

心爱的姑娘在何方。

今夜越过大青山,

与你并马看朝阳。

铙歌

天苍苍啊,野茫茫,

天苍苍啊,野茫茫,

天苍苍啊,野茫茫,

天苍苍啊,野茫茫……

10　上蔡二高校歌

芦冈绵绵，蔡河泱泱，钟灵毓秀源远流长。

莘莘学子，意气飞扬，奋发进取笑傲寒窗。

崇德敬业，弘毅自强，艰辛换来满园芬芳。

书山觅径，学海扬帆，琢玉成器百炼成钢。

人生梦想从这里开始，我们的明天洒满阳光。

人生梦想从这里开始，我们的明天洒满阳光。

啊，上蔡二高，啊，上蔡二高，陪我进步伴我成长。

啊，上蔡二高，啊，上蔡二高，青春托着希望飞翔。

芦冈莽莽，蔡河汤汤，人文荟萃再创辉煌。

莘莘学子，意气飞扬，奋发进取笑傲寒窗。

崇德敬业，弘毅自强，艰辛换来满园芬芳。

书山觅径，学海扬帆，琢玉成器百炼成钢。

人生梦想从这里开始，我们的明天洒满阳光。

人生梦想从这里开始，我们的明天洒满阳光。

啊，上蔡二高，啊，上蔡二高，

陪我进步伴我成长。

啊，上蔡二高，啊，上蔡二高，

青春托着希望飞翔。

飞翔，飞翔，飞翔……

11 上蔡一高,你是我的家

多少风雨,

多少霜花;

多少春秋,

多少冬夏。

四方名师,

在这里聚集;

万千学子,

从这里出发。

啊——啊——

上蔡一高,你是我的梦;

啊——啊——

上蔡一高,你是我的家。

壮志凌云,

踏遍书山几许?

愿乘长风,扬帆学海无涯。

征途漫漫,

看我一高腾飞；

杏坛竞秀，催生桃李芳华。

啊——啊——

上蔡一高，你是我的梦；

啊——啊——

上蔡一高，你是我的家。

啊——啊——

上蔡一高，你是我的梦；

啊——啊——

上蔡一高，你是我的家……

12 越野情歌

塞外长河落日红,

长郊回春草色青。

西藏千年盘旋神秘,

林海雪原千里冰封。

      热血男儿手挽着手,

      无惧寒暑无惧雨风。

      热血女儿肩并着肩,

      冲出岁月冲出樊笼。

            一望无垠的大漠,

            淹没车身的大河。

            挑战自我,

            苦中作乐。

泥泞地儿里的扑棱,

篝火边儿上的跳腾。

马奶酒香,

霜风正劲。

一杯酒,

个中多少英雄泪。

一弯月,

中夜谁人立戈壁。

长歌起,

霜风猎猎飘战旗。

暮云飞,

车队逶迤孤城闭。

13 在春天老去

春风送来花的请柬,

邀我相候溪草岸边。

游鱼的低语只有我一人能懂,

鸟儿的轻舞只进入我一人视线。

春水流,春水流,

已流走千千阕诗篇。

西风残,西风残,

已吹谢万万重山岚。

只可惜伊人的裙裾,

还未走出历史的尘烟。

只有我沉默着独对万水千山,

莫怪我远景里已瘦成一纸飞鸢。

转眼春已逝,

我也已华发苍颜。

14 蝶恋花

江南女儿儿语呕。

清眸轮处，

巧笑思无邪。

雪肤玉骨迎风讶，

相思岂容稍有赊。

风雨何忍侵梨花。

谢燕惊飞，

倏然入谁家？

一梦海角又天涯，

亢龙有悔何及嗟！

跋一：诗，应成为国人的信仰

跋二 诗，应成为国人的信仰

此诗非彼诗，它与科学、哲学并列，属于信仰层次。

常有人哀叹当下国人没有信仰，没有道德底线，指之确切，言之凿凿；又艳羡"国外的月亮圆"，似乎是一洋遮百丑。人无法选择自己的母亲，也无法选择自己的时代和祖国。与其哀叹，不如建构——尽管这实在是一项任重道远的任务。但"路漫漫其修远兮，吾将上下而求索"，不正应为我辈知识分子的精神诉求吗？

当下国人应有信仰，这是毋庸置疑的。但信仰什么，却是值得大大商榷的。是神吗？我们早已告别了"神的时代"，并且国人本无普遍的宗教信仰，再让大家虔诚地跪倒尘埃，无异于痴人说梦。是领袖吗？我们正在走出"英雄的时代"，依靠三呼万岁，锦衣治国来凝心聚力已不需要，也不可能，更是可笑可憎，瞧瞧我们近邻就明白了。我们已走入了"人的时代"，而"人"的信仰应有新的指向。同时，信仰是有层级的，其中个我的、集体的、族群的、政治的、社会的目标都有可能成为一个人、一群人的持续时间或长或短的信仰。那有没有一种东西有可能成为当下国人的普遍意义、终极意义的信仰呢？

若有，其为诗乎？！

我国素有诗的传统，所以古之书生"不学诗，无以言"。即便当今，以汉语为母语的孩子，三岁无不吟"鹅，鹅，鹅，曲项向天歌"；十岁无不诵"欲穷千里目，更上一层楼"；一进入青春期个个都成了小诗人，写一些与"红豆生南国，春来发几枝"之类的诗歌；成年后诗却在大部分民众心灵深处安睡，奇了怪了！无信仰的人们因缺乏自律而易放弃底线恣意妄为，即便国家实施严刑酷法，也最多只是"不敢""不能"，而与"不愿""不屑"相差何可以里计！诗意消遁的人们的状态堪忧乃至可怖啊！我们可以不再重复提及那些俯拾皆是的负面例子吗？揽镜自照、每日三省之时，你我真的没有过一丝惭愧和后悔？

我们伟大的祖国在走向富强的同时，也正在走向民主。与之同步，新一轮的新文化启蒙运动正在酝酿，且必将到来，我们已经隐隐听到了它呼啸前行的胎噪风声。如果说一百年前的新文化运动是散文革命的话，这一轮的启蒙运动应是诗的革命、诗的回归。它需要每一位国人的推动和参与，尤其是知识分子应率先报告春江水暖的讯息。

书生报国无他物，唯有手中笔如刀。我虽三尺微命、一介书生，但也想用纤笔一枝谨奉愚忱，与天下同仁一起努力，使得一声声微弱的呼唤终能汇成窾坎镗鞳的洪流，涤荡假、恶、丑、俗，激扬真、善、美、圣，促使伟大的东方民族重新皈依于对诗意的敬畏、尊重、认同、践履，使凯歌行进的国家清风鼓荡，诗意斐然。

2017年9月10日
于河南大学生命教育研究中心

跋二：且凭樽酒唱俪歌

在2017年早春,《生命教育诗语》三卷与《生命教育》教材八册同时成稿。前者为我独著,后者为我与著名教育学者张文质老师共同主编。两套作品一并呈于中国教育学会名誉会长、国家教育咨询委员会委员顾明远教授,以及中国陶行知研究会会长、原中央教育科学研究所所长朱小蔓教授的案前。两位先生欣然担任《生命教育》《生命教育诗语》的学术顾问,提出了宝贵的指导意见,并在付梓时亲自撰写序言和推荐语。何其有幸!

《生命教育诗语》首次付梓12卷,各卷主题分别有所侧重。其中,"天籁集"歌咏自然,"樽酒集"寄寓乡愁,"古树集"敬畏生命,"初月集"赞美儿童及成长的力量,"风桥集"表达诗人何为,"彳亍集"反思死亡真蕴,"柳梢集"抒写爱情,"阡陌集"指向信仰,"沈吟""行吟"是带有题目的抒情长诗,而"俪歌""铙歌"则分别为偏婉约和偏豪放的歌词。

我的"亲导师"顾明远先生(博士后导师)、周洪宇先生(博士后导师)、刘济良教授(博士后导师)、路日亮教授(博士生导师)、汪基德教授(硕士生导师)、李宏斌教授(学士导员)、王轶君女士和李慧薇女士(诗词老师),还有虽非学校指定导师,但实尽导师之责的朱小蔓先生、董泽芳先生,对本书从立意到创作,从修改到定稿,全时过问,全程推动。尤其是顾先生亲撰序言并亲题书名,朱先生抱病撰写序言。我是你们的及门弟子,感谢你们对本人的指导和对本书的提点。当今教育学者之王定华教授、郭戈教授、刘贵华教授、高宝立研究员、程虹教授、梁留科教授、时明德教授、刘岸英教授、张文质老师、冯建军教授、刘铁芳教授、李政涛教授、王鉴教授、杜静教授、李桂荣教授、袁赞礼博士、赵丹妮博士,以及河南大学刘先锋主任、河南师范大学康淑霞书记、郑州师范学院樊应选主任、河南省幼儿师范学校李晓红主任、河南财经政法大学张玉华博士,我是你们的著录弟子,感谢你们对本人的支持和对本书的鼓励。此三卷"诗语"原为济南出版社总编辑朱孔宝研究员与我诗词唱酬而"引逗"出来的,并被济南社张雪丽主任率团队进行认真编辑,后因故转至教育科学出版社重新三审三校并付梓见书。教育科学出版社教师教育编辑部刘灿主任、责任编辑闫景师妹付出了很大的心血。刘主任还虑及诗集其实是以诗歌形式表达生命教育学术思想的学术著作,故建议将书名从《生命诗语》改为《生命教育诗语》。教育科学出版社、济南出版社的老师们编校的这套"学术诗集"清新雅致,令人惊喜。我指导的研究生李一鸣同学设计了封面,齐彦磊、沈芳、徐俊丽、甄慧娜、林琳、隋健平、王欢等几位同学参与校对,立德树人教育集团贾西贝董事长、商丘中学杨中位董事长、上蔡县教育局陈水献局长、上蔡二高黄志刚校长与刘新改老师、唐河一中石嫒校长、成都南华中学邓丽娟校长提出很好的修改意见，贾董事长和台湾的洪朝祥还提供了精美的图片。同时，全国教育科学规划领导小组办公室、河南大学、洛阳师范学院、郑州师范学院对《生命教育诗语》的出版给予了支持。谢谢各位师长、领导、同仁、同学！

朱小蔓先生以"天地人心的深情探访，生命教育的学术致思"来概括"诗语"，诚哉斯言！

赋诗之时，指尖流水，文思泉涌，在思与诗的王国里淋漓醉墨、纵横恣肆；修改之时，却是战战兢兢地推而敲之，大改者九，小改者百，只恐谬种流传，贻笑大方。初始指落键盘之际，飞雪弥空，琼瑶遍地，时值隆冬时节；而今付梓之时，枫红荻白，云肥风瘦，竟历两年又中秋。时光匆匆，太匆匆！

诗文既成，联袂长啸。是时斋外有庭，庭中有竹，竹边石几一条，几上清酒一觥，竹香入酒，诗意氤氲。灵犀相通的朋友啊，不知您此刻身在何方？您若与作者同代，请莅临寒斋把酒言欢，可好？您若千百年之后才在故纸堆中偶遇此卷，则我已成古人。穿过岁月风烟，字里行间还觉心跳滚烫吗？石上酒杯仍留竹香如许吗？

2018 年 9 月 10 日
于河南大学生命教育研究中心

教育的本质是生命教育

丙申初冬　顾明远书

国家社会科学基金（教育学）一般项目
"生命教育学科建构研究"（BAA140017）

王定功——著

生命教育诗语

白衣醉

教育科学出版社
·北京·

出 版 人　李　东
责任编辑　闫　景
版式设计　杨玲玲
责任校对　贾静芳
责任印制　叶小峰

图书在版编目（CIP）数据

生命教育诗语. 白衣醉 / 王定功著. —北京：教育科学出版社，2018.9
ISBN 978-7-5191-1640-8

Ⅰ. ①生⋯　Ⅱ. ①王⋯　Ⅲ. ①人生哲学—通俗读物　Ⅳ. ①B821-49

中国版本图书馆 CIP 数据核字（2018）第 203374 号

生命教育诗语　白衣醉
SHENGMING JIAOYU SHIYU　BAI YI ZUI

出版发行	教育科学出版社		
社　　址	北京·朝阳区安慧北里安园甲 9 号	市场部电话	010-64989009
邮　　编	100101	编辑部电话	010-64989593
传　　真	010-64891796	网　　址	http://www.esph.com.cn
经　　销	各地新华书店		
制　　作	北京金奥都图文制作中心		
印　　刷	北京玺诚印务有限公司		
开　　本	150 毫米×230 毫米　16 开	版　　次	2018 年 9 月第 1 版
印　　张	12.75	印　　次	2018 年 9 月第 1 次印刷
字　　数	90 千	定　　价	108.00 元（共 3 册）

如有印装质量问题，请到所购图书销售部门联系调换。

序一：人生如诗

我不是诗人，也不会写诗，但觉得人生如诗，人总是生活在诗境中。诗是人的心声，是时代的心声，更是民族的心声。可以说，一个民族没有自己的诗歌，这个民族就不复存在。我们每一个人都离不开民族的情怀、时代的气氛，都会有个人的悲欢离合。一般人只能用表情、语言、行为来表达。诗人能够把这些情怀、气氛、悲欢离合用诗歌的形式表达出来。

教育其实也是一首诗。教育的本质就是提高人的生命质量和生命价值。提高生命质量是使人的生命更精彩；提高生命价值是使人能为所有生命做贡献。"为天地立心，为生民立命，为往圣继绝学，为万世开太平"，就是生命的价值。教育就是生命发展成长的诗。

王定功提倡生命教育，不仅有理论著作、实验教材，而且用诗语来抒发他对生命教育的情怀。实在难能可贵。我不懂诗，应他要求，

我为这三册书写几句话,是为序。

顾明远

2017 年 2 月 28 日
于北京师范大学英东楼

(顾明远,中国教育学会名誉会长、国家教育咨询委员会委员、北京师范大学资深教授)

序二：生命教育的诗意言说

广义的生命教育的源头，可以追溯到孔子和苏格拉底的时代，千载绵延，代代损益，薪尽火传，生生不息。孔门弦歌施教，"浴乎沂，风乎舞雩，咏而归"描绘的不正是生命教育的唯美情景吗？苏格拉底一袭敞袍赤脚站在雅典街头用"助产术"指导雅典青年，柏拉图降尊纡贵追随寒门老师，亚里士多德与逍遥学派师生漫步苹果园纵论天下大事，不也正是生命在场的教育故事吗？一定意义上说，一部中西方教育史不过是生命教育与非生命教育在不同时空的对垒、演变与抗衡。在我们看来，不断健全完善的生命教育才是真正的教育。

现代意义上的生命教育大致始于20世纪初，美国哲学家、教育家杜威教授提出了系统的实用主义理论，其中"从做中学"的系列观点就包含着杜威的"生命整体存在论""经验方法"及"探求逻辑"等诸多关乎教育当事人生命发展的观点。陶行知先生是中国现代意义上的生命教育研究和实践的首倡者。20世纪初，陶先生师从杜威教授，1917年学成归国，在国内首倡"Life Education"，直到1946年辞世，他将全部精力投入其中。但出于种种考虑，先

生当时并未将其翻译成"生命教育",而是翻译成"生活教育",他的思想也被后来的研究者们概括为"生活教育理论"。其实,无论"生命"还是"生活",在英文语境里大致都表述为"Life",在汉语中"生活"也无异于"生命"的展开过程,从来没有外在于"生活"的"生命"。深味陶先生生活教育理论,其间所包含的生存教育、健康教育、养生教育、社会责任教育、人格教育、终身教育等思想,无不折射着生命教育的理论光辉。杜威教授提出"学校即社会",试图吸收社会的所有方面并将其融入一所小小的学校;陶先生提出"社会即学校",寻求的是将学校的所有方面延伸到大千世界。杜威教授提出"教育即生活",主张"做中学";陶先生提出"生活即教育",主张"教、学、做合一"。陶先生提倡教师"千教万教教人学真",提倡学生"千学万学学做真人",直接触摸到师生生命发展的脉搏。在《从烧煤炉谈到教育》一文中,陶先生满怀深情地写道:"教育的使命是什么?不是放茅草火!不是灭茅草火!是要依着烧煤的过程点着生命之火焰,放出生命之光明。中国教育的使命,是要依着烧煤的过

程，点着中华民族生命之火焰，放出中华民族生命之光明。"

20世纪末21世纪初，生命教育在我国渐渐热了起来。我看重并倡导的生命教育突出了情感教育这一方面，1990年起不断强调情绪情感是生命的基本表征，是生命的重要机制以及一个人生命素质的"内质性"保障。我以此为学术基础和教育理念，分别在供职南京师范大学、原中央教育科学研究所以及担任中国陶行知研究会会长期间，以很大的热情推动生命教育的研究、实验与普及（包括宽泛意义和专指意义的）。我的第一位博士生刘次林1997年撰写《幸福教育论》，我的另一名博士生刘慧2000年撰写《生命德育论》，后来不断有博士生的论文选题与"情感——生命"的基本概念、命题相关。与此同时，叶澜先生创立了"生命·实践"教育学派，与她团队的李政涛、李家成、卜玉华等学者把生命教育研究与中小学教学实践做了很好的对接。刘济良试图构建"生命教育论"的理论体系，刘志军、王北生、李桂荣的研究指向生命教育的视域扩展和校园关涉。张文质、冯建军、石中英、黄克剑等提出"生命化教育"。

王鉴、夏晋祥等提出构建生命课堂的思想。刘铁芳、肖川、郑晓江、欧阳康、何仁富、汪丽华、赵丹妮、袁卫星以及港台的孙效智、纪洁芳、钮则诚、林绮云、吴庶深、张淑美、郑汉文、汤锦波、何荣汉等学者也从不同维度对生命教育进行了深刻的研究,提出了一系列有价值的思想。中华大地,藏龙卧虎;十步之内,必有芳草。各地学者和一线教师对生命教育的研究和实验风起云涌,怒涛排壑。这一切必将载入中国生命教育的发展史册。

生命教育的研究和表述可以有也应该有多种维度。王定功所著的《生命教育诗语》,试图以诗歌的语言对生命教育进行言说,这是一件非常值得鼓励的事情。

王定功是我国生命教育研究团队中的一名重要学者。他是著名教育家顾明远先生指导的博士后,我愿意视他为同侪和知音。在首都师范大学儿童生命与道德教育研究中心成立大会上,我与定功首次相遇,那天我做了一个关于陶行知生命教育思想的演讲。而首都师范大学新成立的这个中心,其主任由我指导的博士生刘慧担任,当时她已是初等教育学院的副院长、教授、博士生导师。午餐时定功与我相邻而坐。那段时间我的健康状况不是很好,定功不知怎么就看出来了,他关切地建议我"枫红荻白,云肥风瘦,正是中秋时节,建议先生出去走走,比闷在家里的好"。他穿着虽稍稍寒素,但谦和温文、儒雅脱俗,简直像是从唐宋穿越而来!

我慢慢了解到,王定功是一名厚积薄发、大器晚成的学者。他曾做过16年的中小学教师、教育行政官员。2007年,他赴北京师范大学教育学部教育学原理博士课程班学习;2008年,他考入北京交通大学人文学院,师从哲学家路日亮教授攻读博士学位;2011年,他又进入了北京师范大学教育学部博士后流动站,师从著名教育家顾明远先生从事博士后研究。近几年,王定功十分专注地进行生命教育的研究和教学,先后从不同维度向生命教育"包抄"过去,对生命教育的源与流、理论与实践都"弄弄清楚"(顾明远先生语),为我国方兴未艾的生命教育提供助力。

王定功于2011年在上海交通大学出版社出版专著《青少年生命教育国际观察》,这部书被《中国教育报》评为"2011年影响中国教师的100本图书"之一；2012年在上海交通大学出版社出版专著《青少年道德教育国际观察》，这部书使作者进入"上海交通大学出版社建社30周年作者墙"；2013年在教育科学出版社出版专著《生命价值论》，这部书被评为河南省2014年教育科学研究优秀成果奖特等奖和2016年第五届全国教育科学研究优秀成果奖三等奖。假以时日，著述等身于他并非不可能。他发表在《教育研究》的学术论文《生命课堂的基本特征和建构路径》等，使他成为中国知网生命课堂专题搜索排名第一的学者。这篇论文也标志着王定功对生命教育的研究维度从生存哲学经教育哲学正式转向课堂教学，从阳春白雪转向普罗大众，从仰望星空转向漫步大地。

王定功在学术上具有多方面的兴趣和成就。最难得的是，在生活中他洁身自好，对真、善、美、圣有着虔诚的信仰和坚定的追求，不啻"浊世佳公子，翩翩一书生"。尤其是他在科研合作中低调从容，"重言勿泄，少任敢专""重情重义，生死相许"（台湾同行纪洁芳教授语）。江西师范大学生命教育研究专家郑晓江教授辞世，定功独坐书窗三天不食不语，那段时间他

的QQ签名换成了"愿我的死，换他的生"。而他俩见面不过三次而已！

《生命教育诗语》送审稿前已送来，由于健康的原因，我时断时续地阅读，读的不多，但越读越喜欢。整本《生命教育诗语》以一种生命共同体的视角直面"天地人神四方共舞"的世界，歌咏自然万物，赞美成长着的事物，吟唱人间的美好情感，探问生死哲思理路，展示书生报国情怀，褒扬真善美圣，表达生命教育的学术致思。若用一句话评价《生命教育诗语》，那就是：天地人心的深情探问，生命教育的诗意言说。

其实，生命教育关乎每一个人，每一个人都在用自己的方式践行生命教育，发出"生命诗语"。我本人自1986年进入道德情感、情感教育研究领域之后，便对情感与道德、情感与生命的关系越来越敏感和在意。用情感—生命之"眼"去看教育、观道德教育、做教育研究竟成了我的个人学术偏好。回想自己从40岁起，就有不同的肿瘤疾患来袭，饱尝了大手术和化疗之苦。可以说，30年来，如何对待生命，如何处理生命与工作的关系，一直是我个人真切的人生课题。生命之脆弱与生命之坚韧这相左相反、交相混合、反反复复的复杂情绪感受总是随着身体状况的起落变化，每每考验着自己最真实而无法逃避的生命态度。我似乎是懂得了生命实在值得珍惜，的确应当珍爱生命！可珍爱生命并不是惧怕死亡，也不一定真能做到不惧怕死亡。自觉的死亡教育在我们这里还是十分缺失的。癌症给人带来的不只是痛苦——尽管那痛苦常如剜心蚀骨，它还会让人零距离地直面生死大限，思考"生从何来，死向何去，我是谁"的问题，思考如何把握生命中的每一天，把最值得做的事情做好，尽最大努力提高生命的质量（肉身的与精神的）。因此，我特别感谢生命教育和现代医疗，前者给了我对生命的认知和勇气，后者给了我身体有效的疗救和保护。不久前，我又度过一次生命危机，现在出院了，重新走在阳光下，坐在书斋里，享受生活的馈赠。

恰逢此时，看到王定功奉献生命教育大作，捧读、吟哦这部《生命教育诗语》，是一件令人愉悦的事情。天地春回，鸟儿叩窗，丁香快要开放了吧？我从心底里感恩生命，感恩所有

热心生命教育、给无数人们带来生命智慧和力量的人。

斯为序。

朱小蔓

2017 年 3 月 5 日
于南京师范大学随园

（朱小蔓，中国陶行知研究会会长、俄罗斯教育科学院外籍院士、北京师范大学教授，曾任南京师范大学副校长、原中央教育科学研究所所长兼党委书记）

目录
MULU

1 / 风桥集

43 / 彳亍集

97 / 柳梢集

149 / 阡陌集

179 / 跋一：诗，应成为国人的信仰

182 / 跋二：且凭樽酒唱俪歌

风桥集

1

风桥独立,天地苍凉。

病着的诗人,夜夜垂泪。

2

诗人啊,

谢谢你吟哦神秘园中的夜曲,

赠予烦累的世人片刻轻闲。

3

诗人啊,你为何在人们喧闹之时沉默,

又在人们沉静之时呼告不已?

你合该寂寞了,

因为你与自然更为相契,

而与人事过于疏离啊。

4

诗人啊,你害怕寂寞,

却又为何寻求寂寞?

为何你弹奏的竖琴,

发出不安的疑问?

世界沉默不语,

回应你的只是四季轮回,

日夜更迭。

5

诗人啊,不是落叶有意惹你哭泣,

也不是秋风有意愁苦了你。

那是造物主导演了季节更替,

斗转星移。

6

诗人啊,我酷爱着你的诗句,

但更爱那浸润其中的晨露,

更爱那披于其上的霞彩。

7

诗人啊,你是大自然纯洁的孩子,

赤脚徜徉在曦照的林间,

编织圣与美的花环。

8

诗人啊,你的夜晚也许是另一个黎明,

你的清醒也许是更深的梦境。

你的清愁也许正孕育难抑的狂喜,

你的宁静也许欲发出凶猛的雷声。

你的无奈也许正是你的抗争,

你的奉献也许正是你的光荣。

你的歌声也许只为充实世间的空虚,

你的灯盏也许只为照亮四塞的幽冥。

9

春涧欢歌,夏山青翠,

秋叶飘零,冬雪寂寥,

这都是自然的安排。

诗人啊,你为何耿耿于怀,

抚膺不语?

10

日落黄昏,归鸟倦翅,

天地一派茫茫苍苍。

久立的诗人啊,

你为何以手抚膺,潸然泪下?

11

那首曲子又一次响起,

不知何所来,何所逝,

神性、梦幻、伤感。

我说与他人,

可听者只是懵懂摇头,漠然走开。

那首曲子真的只有我一人听到吗?

真的只有我一个人听懂吗?

12

山门外淡淡的云丝,

云丝间融融的月色,

月色中浥露的草莽,

草莽里弯弯的山径。

噢,那一点孤影,

可是彳亍着的诗人?

13

一首诗逃出书斋,独自前行,

她羸弱,又唯美。

没有人在意,

她行走于人们的知觉之外,

连作者也忘记了她的存在。

她伴着——

一束光影,一道山径,

一丝晚风,一缕花香。

一首诗孤独地,

寻找自己。

14

我是上苍的弃儿,

哪里有温暖的怀抱?

我在天地间流浪,

赤脚走遍千山万水,

行囊里只有寂寥,

只有风凉。

15

纤弱的诗人,坐在晚风里,

一页一页翻阅自己的诗行。

诗行中隐映着过去的山径和池塘,

那来时的风烟里有太多欢笑和泪水。

还曾有 ——

一弯新月,一株春树,

一缕花香,一人歌唱。

16

静海的柔波,娟秀的女孩,

绮丽的晚霞,落泪的诗人。

青黛的远林,绒绒的草坡,

怜爱的月,孤苦的诗人。

17

一行归雁,一襟晚照,

一座秋山,一涧碧水,

一袭青衫,一位诗人。

18

一卷在握,

独立黄昏之姿,

便是诗了。

临风洒泪,对月伤怀,

衣袂飘飞时怦然心动,

那便是诗人了。

真正的诗,何须动笔写呢。

19

诗人的冠冕,是虚幻的花环。

可怜的人儿,灵魂负着沉重的轭,

才结成晶莹的珠链。

20

诗人是富有的,

人们的泪,

就是馈赠给TA的珠链。

21

羸弱的诗人,只有在诗吟中,

才会驾坚车,驭烈马,挺长剑,

发出勇士的怒吼吧!

22

拂衣而起,横扫千军,势若奔虹。

且住,诗人!

收起你的狂想吧 ——

除非在梦里,除非在诗中。

23

哀吟哑咤,谁在吹笛?

呜咽凝滞,谁在悲吟?

是弦月,是荒林,还是秋声?

24

我的朋友，如果我的诗使你愉悦，

请不要赞颂我；

如果我的诗使你不快，

也请不要埋怨我。

是诗笔自己摇曳，

而我只能跟跟跄跄跟在她的后面，

完全是身不由己呀！

25

丛林传来谁唱的歌？

它有时隐约，有时明了。

每一个黄昏我都去寻找。

只可惜太多的芊芊莽莽牵绊，

我只能以长啸或短吟相和。

26

我并非一位职业诗人,

只惯于在工作之余,

捧一卷诗词,倚每一树花开,

感动于花落我肩,香扑我怀。

风何用吟,月不宜弄,

我只是红尘一士,青衣仗笔,

谨以敬惜之心微效愚忱,

期望我心爱的你吟读我诗时,

怦然心动。

27

请原谅我只是一位诗人,

受自然支配的善良的生灵。

每天只在你目光不及的角落里,

自言自语。

28

世上再没有比写诗更惨淡的事情吧?

向晚的秋日,

衰败的藤萝,

让我低回。

29

请原谅我偶尔的疯癫,

我向着朝阳呐喊,

在阳光下奔跑,

在暴雨和狂风中高昂着头。

我只是一位诗人啊,

朋友!请让我离开你的宴集。

30

且住!

就在此时,就在此刻,

那生活上的锋芒,那理想峰巅上的云彩和星霞,

一时涌来笔底。

自己聚散离合,

编缀出一两串近于音乐的句子。

读者啊,烦请自己去体味,

那生活的底蕴里掺和着美丽的憧憬,

情感浮沉流落,浓淡参差相系。

不要谢我,也不要怨我。

31

我是一个凡人,我不弃金钱和文字。

夕阳中我摆弄着汗水挣来的钞票,

红票孝敬父母,蓝票养活自己。

月亮出来时我要沐浴,

并叫醒灵魂林间草地共舞。

我掏出自动摇曳的诗笔,

在月华里记下舞步依傍的韵律。

32

午桥的笛声又响起来了!

杏花疏影里,谁的歌声停歇,

谁的清泪潸然,

伴着这风拂,这月润?

33

我的心弦,只反复弹奏着一首曲子。

也只有我的知音,报以微笑。

34

是你吗,女贞?

清冷冷站成了月色里秋的瘦影。

诗人却只能用忧伤的诗吟,

将你拥抱。

35

夜半，谁在窗外吟哦我的诗句？

是天地间的风，

还是古今里的人？

36

你确认这是唐诗宋词吗？

明明是我第一次吟哦，

怎么像我曾经的旧作？

37

谁在夜里叩响我的窗？

是摇曳的玫瑰，

是溪畔的柳风，

还是痴情的人儿？

38

歌者,我在繁复的交响乐里,

仔细听寻着你的声音。

我并非厌恶那伴奏的音乐,

只是太喜欢你的歌声。

39

我欲高歌,

谁人为我,

风前舞?

40

嘘,脚步且轻轻,

鸟儿宿在竹林,

鱼儿潜在水底。

便目光也放轻柔吧,

也莫惊乱月影。

41

金箫玉琯,少女少年,

正值春暖,城东游遍。

老去的人啊,

只可羡慕吧,

只合回味吧……

42

世界上最美的花朵,

不是牡丹,也不是海棠。

它是诗人心中流出的欢愉抑或忧伤的血,

在朝阳或晚照里,开出的爱之花。

43

独坐万山之间,掷开了赋诗的笔,

也忘记了赞美的语言。

秋风里,我成了痴儿了。

44

诗有什么用呢?

我在日月下冥想,

站成化石了,

仍未想出呢。

45

谁见幽人,独往来?

月下寂寞,孤鸿影。

46

哈哈,你逸出了唐宋诗选,

书已合上了。

47

要天阴就下雨吧,

不要如此积郁,酿雨未雨。

要忧伤就写诗吧,

不要三番叹息,作诗未成。

48

藤萝下,月明中,

傲岸的诗人,凉凉的风。

49

文字自动聚合,列队前行,纵横变化。

而诗人目瞪口呆,无可奈何了。

50

飒飒的风,丝丝的雨。

今夜只宜——

默默流泪,

淡淡忧伤,

轻轻吟诗。

51

晶莹的诗句,于我有什么相干?

是她们自己俏皮,

跳进了天女的竹篮,

被洒落在这尘世的草丛,

路旁和山间。

52

半壕春水,一城花香。

病了的诗人,伫望台。

烟雨中,

故园正在千里之外。

53

征文考献，寻章摘句。

请你辍笔吧，你是病着的诗人！

且扶杖起来，凭一杯酒，

且饮漫天的秋色。

54

佝偻的农夫，石户的家，

嵚崎楚客，窈窕吴侬。

谁在敲门？钓翁。

谁在学拓？书童。

病了的诗人，你并不孤单，

心事腾空，才生诗情。

55

庭院深深里，

病了的诗人困了纸和笔，也淡了幻与真。

秋风起了，只自我囚禁。

自我囚禁，秋风沁人。

真耶幻耶，一任庭院深深。

56

扶杖,寻觅谁的孤踪?

春山不嫉妒春裙的嫣红。

若寂寞就叫起这湖里的龙,

怕只怕这湖波烟雨迷离又空蒙。

奈何桃花乱打兰舟的篷,

烟新,月旧,

与孤独的诗人常相从。

57

为何见一抹泪痕？

为何听一丝叹声？

病了的诗人啊，

你在哪条阡上爽约？

又在哪条陌上逢迎？

58

侧坐床头，正倚书窗。

病了的诗人，心事惆怅。

正江河清清，关山苍苍；

正秋风紧，秋雨长。

59

故友邀请,莫爽约溪凹与谷中。

幽人往来,却只有寂寞孤鸿影。

诗人病矣,心事斯世唯有几人同?

正秋风清清,正秋月泠泠。

60

诗情啊,你为何在我健康时,无暇来访;

却在我病了时,不请自来。

这一山秋色,这四野秋声,

都沾染上了我的忧愁。

61

还要谢谢病呢!

我停下了匆匆步履,

关注到惨绿愁红。

结束了一季风雨,

开启了新的旅程。

62

梦中,我凭一双彩色的翅膀,

翩然飞越千山万水。

俯瞰纵横的阡陌间,

写满真实的故事。

63

向晚的风,不要染白我的发。

不知我的心,依旧鲜嫩青葱吗?

64

我的花儿呀,

即使死神就在我的身旁,

我也要再一次为你芟草,

再一次嗅你的香。

65

灵感像丢失的猫咪,

遍寻不见,

它却一下子从窗外跳进来。

66

美人花侬,湖波照容。

山痕宛宛,林黛江青。

珠明玉暖,春心朦胧。

67

我习惯于清晨漫步,

树影犬吠,只为我准备。

贪睡的人儿啊,

你只可品残月下的清愁吧。

68

病的刚好,不轻亦不重,

正宜摒去尘事,独立窗前。

静静思索,

款款秉笔,

淡淡忧伤。

69

钓矶独坐,意无所指。

好奇的鱼儿,

与我隔着水面相商。

70

你是五月渔女,出入芙蓉浦头。

青箬笠,绿蓑衣。

那只小船,便是你的家了。

71

噢,我的文字!

它常常是全然的言不由衷啊。

就像风中的落叶,就像水中的浮萍。

哪里是它的根?

哪里又是它要去的方向呢?

72

近地飞行，拉高，俯冲。

可翅膀还要次次还给晨梦，

远寺恼人的钟声啊！

73

行路的人，在檐下趺坐。

月明风清，叹息飘进了谁的梦境？

74

亲爱的朋友，谢谢你与我一样，

视滚滚物欲为无物。

一样地该愁郁之时傻笑，

该欢笑之时轻愁。

75

山巅水涯,孤村暮烟,

那正是我们心灵的故乡。

76

谁在叩门?

是清风,是明月,

还是迷路的旅人?

77

船儿已睡了,小岛还远。

无尽的湖波啊,月透云梢。

78

不要惊讶于我的哀愁,

这与你的宴集毫无关联。

我快乐于人类的快乐,

我哀愁于人类的哀愁。

79

晨星下,清冷的风中,

我走在人们梦的边沿。

80

月下独行的人儿呀,

好好珍重吧,

别掉进别人的梦境。

81

蜂儿呀,

请别践踏花的蕊。

取走你喜欢的蜜吧,

且留下这份飘零,

容我双手掬起。

82

独立峰巅,暮意深沉。

是谁告诉我,有一位山妖,

正赤足行于山林?

据说她的孤独,已独品千年。

至今没有人听懂,她的悲歌。

83

噢,梦中的你,

可是白衣飘飘的古人吗?

可愿与我杯酒相对,浅斟低唱?

或许,你竟是未来的人儿,

为何眼眸里泄露出天使的讯息?

世界变换如此之快,

我为何老是停留在诗词满架的书斋?

诗句在我眼前熠熠生辉,

犹如星辰闪耀夜空。

84

园中的青藤开满白花,

香气氤氲如同精灵的絮语。

月光移过楼角,清影斑驳,

就像诗人增删字句、调整韵脚。

在这美好的春夜,痴人儿啊,

你又怎忍高卧安眠呢?

行集

1

伫立生命的岸边,

死神的歌声从幽谷升起,

来世的花香氤氲芬芳。

孤寂中沉思的诗人,

清泪潸然。

噢,风儿慢慢变凉了,

林涛声音越来越大,

到了向晚时分了啊!

2

梦的女神款步走来，

深情地注目这个世界，

于是喧闹的孩子进入了甜蜜的睡眠，

年轻的夫妇停下繁忙而彼此温存，

老者暂时休止了病痛。

她让月光轻洒，大地安静，

只待第一缕曦光唤醒黎明。

3

我膜拜您，我的时光之神。

是您使我的双臂坚硬如铁，

是您使我的心房温存如初。

您用闪电的怒喝，阻断我的沉沦，

您用轻雾的氤氲，萦绕我的攀爬上升。

我孤独了，是您让我的爱人翩然而至；

我衰老了，是您让我心爱的孩子慢慢成长。

我知道我终将随您而去，

只把我的挚爱留存人间。

4

伟大的睡眠!

你让狰狞的虎狼战士,停下了枪炮的操纵;

你让身心疲惫的母亲,停下劳作的双手;

你让虚弱的老师,重新充盈活力;

你让奔波在外的游子,倚靠在桥洞的墙壁。

嘘,风儿你缓缓地吹,

不要惊醒世人的酣梦吧。

噢,月儿你柔柔地照,

爱抚这多灾多难的世界吧。

5

我没有奋飞的羽翼,

无法在生命的边缘跨前一步。

我没有英挺的骏马,

无法腾越此生与来生的隙谷。

醉人的花香从神秘的花园飘来,

可我却看不清那儿的人影。

摇曳的笛音从幽深的林间传出,

可我却寻不见那儿的门户。

6

你在哪儿呢,我的爱?

林子深处传来残曳的歌声,

可哪儿是入林的幽径呢?

柳溪那畔飘来隐约的花香,

可哪儿有寻芳的兰舟呢?

7

一只困在二维空间的蚂蚁,

慌急地前后左右寻找,

却不知抬头看一眼近在咫尺的目标。

我也脚步散乱,眼神迷离,心儿狂叫——

我的爱,我的爱,你在哪儿呀?

8

秋叶凋零,一如我万般思绪纷飞。

怕就怕秋风一夜吹彻,斯世繁华尽空。

唯留瘦山纤水,伴我孤独。

9

可是，我的朋友，旅途一定会有终点呀。

万里的远行，你不觉疲累吗？

冬天终要到来，

草枯萎，花凋谢，

山容瘦，水意穷。

窗帘重重拉上吧，

怕冷的人儿，

待在你的永恒之乡，

各自安眠。

10

生命是一簇花盆里的花朵，

生，明媚鲜艳；

死，归于大地。

11

一棵树,春叶竞生,

夏花妩媚,转眼间秋叶飘零,

青葱的念想只能在冬雪下祈盼下一个春天。

一个人,从婴孩儿的蹒跚学步,

之后赳赳壮壮或亭亭玉立,

再后又佝偻彳亍扶杖而行,

最后像枯枝败叶一样颓然倒下。

一生何其短暂,梦来梦去之间!

12

我是一颗蒲公英的种子,

飘荡在机缘聚合的天空。

最好坠落于肥沃的土壤,

但也无惧贫瘠的石缝。

只等待应时的春风化雨,

即再续写生命的诗篇。

13

如果说生命是一株明媚的花,

那么世界就是花盆和土壤。

花开时,全赖花盆的撑持,土壤的滋养——

花谢后,花盆破碎,复归大地。

14

我沉入生命的底端，

同情于生命的同苦同畏。

陌生的朋友，请与我执手吧，

一起微笑，或一起默默垂泪。

15

迷失在神秘的丛林里，

借偶尔透来的微弱的天光，

我在芊芊莽莽中跌跌撞撞。

哪里是丛林的出口，

哪里有光明的坦途啊。

16

我生，我在，
我死，我生。

17

让一切命中注定的都一起来吧,

请许我在死神面前昂起高傲的头颅。

把命运之杯斟满浓烈的美酒吧,

邀日月星辰齐来同饮。

18

春风与春草轻微触碰,

秋云与秋风丝丝痴缠。

我在故园年年相待,

依旧难以忘怀。

请赐我遗忘,

或者死亡。

19

我要捕捉那思绪,

纵横纷乱的图案,

全属机缘巧合的拼凑吗?

死是悲剧的一章,

生更是悲剧的主干,

演员就是你我他。

在剧中歌哭笑傲,

或优容,或冲突。

偶尔跑到剧外,

仍是如此渺小,无能为力。

20

一卷在握,窗外是山水林壑,

明月在天,阒无尘音。

此时我听到血脉奔涌,

以及有力的跳动,

生命充盈着我的经络身壳。

我没有死,我活着,

我能感受这个世界的真、善、美。

牛命本身值得我感恩,

以至泪流满面,

这种幸福感刻骨铭心。

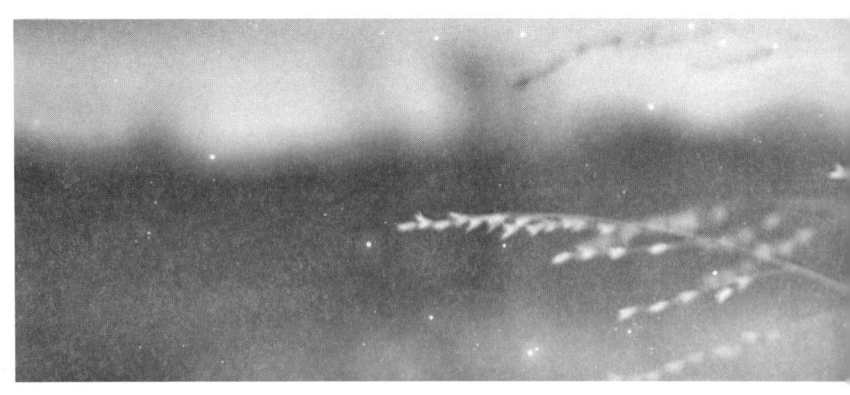

21

我千百次地思索,

而你依然伫立在我的思索之外。

而你依然与我的视线无涉。

我终于拥到你时,

却已无法回步。

蓦然回首,

世界却已在我的知觉之外。

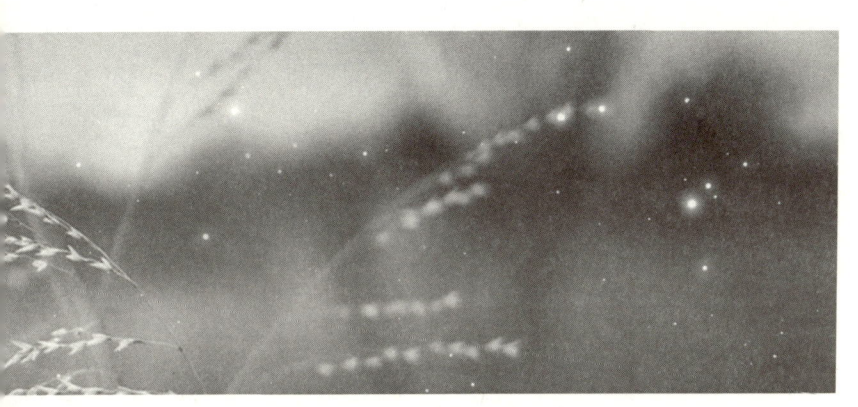

22

一生的傲岸,

要为你的到来,而礼敬了。

一生的荣光,

要为你的到来,而虔诚了。

一生的委屈,

要为你的到来,而释然了。

23

秋风中的芦苇,

为我奏起别离的哀曲。

时光的永恒里,

那朵白莲花永久地开启。

我已驾小舟,

划进了花香深处,再不回来。

24

思归的宿鸟,

在夕阳下飞回山林的故巢。

而我的生命,

也要回到无尽的时光之海吧。

25

生命的合唱啊,

是无尽的洪流。

而我的低吟,

只是一朵浪花闪烁。

只留一瞬的剪影,

又汇入那滔滔的流,

奔腾进入时光的海。

26

我从来处来,

我向去处去?

来去的中间,

只做片刻的停留。

我只是一个旅人呀,我的朋友,

我终要回到我永恒的家乡。

27

噢,我永恒的家乡,

处处盛开洁白的莲花。

那清清的甘泉,

洗去我衣上的尘埃。

歌声从山坳的深处响起,

那是时光之神深切的呼唤。

然而真正恢宏的音乐,

却出自时光之口。

28

既然死神在路的尽头冷然守候，

我的汲汲孜孜，为求何来？

只有独立千峰之上便了，

披一野秋风，浴一身冷月，

独自清泪潸然。

29

龟寿百年,树活千年,

随意一块石头已存万载。

而海洋和大陆呢,日月星辰呢,

不知经历了多少岁月?

我因而惶惑、恐惧而战栗了。

30

我的眼中是一个世界,

我的心中是另一个世界,

触摸到的、听闻到的,甚至于嗅到的,

都是一个个各不相同的世界。

然而真正的世界——

那个终极的永恒的无限的世界,

其情形如何呢?

孱弱如我者又怎生得知?

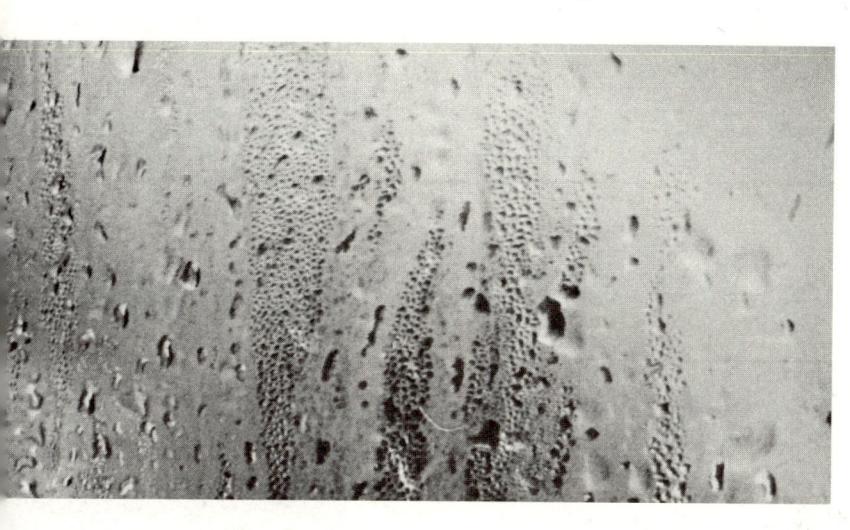

31

一波不兴,

一羽不起。

轻叹转身,

将世界抛于身后。

32

暂别,斟一杯酒,

吹一曲箫。

而永别呢?

诗,只能吟在心里;

泪,只会盈在眼眸。

33

螳螂捕蝉,黄雀在后;

黄雀捕螳,猎人在后;

猎人捕雀,暗箭在后;

暗箭的后面,还有暗箭。

我的兄弟,生命非要如此相残吗?

34

秋叶飘零,飘零着入梦。

梦醒时,已是来生。

35

死亡之于生命,无异另一个新生:

你让烦累的老人,停下匆忙的脚步;

你拦下受惊的马群,不让它们惊扰安静的孩童;

你重新安排好新的乐章,在蓝天中响起嘹亮的鸽哨;

你将冬的腐朽,变成春的养料;

你解除了沉闷的燠热,给世界送来了清凉。

你把一切的绝望,变成新的希冀。

啊,我歌唱你,死亡的伟大;

啊,我拥抱你,伟大的死亡!

36

墓地何妨建在街心公园里呢?

让死与生用欢乐联结。

光风丽日,孩子们在这里玩耍。

拂晓黄昏,艺术家在这里引吭。

月下花前,恋人们在这里呢喃。

而静谧的深夜啊,我的朋友,

万千生灵将以另一种方式在这里聚首。

37

造物主的摇篮里,

放着两个婴孩。

一个是生,

一个是死。

38

闪电劈开乌云,

一眨眼照彻寰宇。

鸟儿惊惶翻飞,

躲避将至的风雨。

39

鸟儿清婉着,

可是旧年相识?

无尽的山径啊,

似曾前生踏歌。

40

水面黄昏,一襟夕照,

我已凝眸几世几劫了。

41

蟋蟀彻夜地悲吟，

对着今晚的秋月。

明朝的初阳，已不属于它。

它要用最后的歌唱，

奉赠给无尽秋风。

42

犬吠不合平仄，

蛙鸣却应马蹄。

迷路野村，

许是前生的因缘吧。

43

初生的婴孩，你为何啼哭？

可有人正夺去你前世的记忆吗？

44

许我休息吧，我已劳累了那么久，

并已交出了所有的积蓄，

只为换来一夕宁静的睡眠。

45

无边的温馨，无涯的爱意，

无际的关怀，都须放下。

我已疲倦，

要在这时光之海里，随波逐流。

46

你就是死神吗？

原来面目如此姣美。

你温存地轻抚我的身体，

催我进入永恒的安眠。

47

死亡是生命的升华,

正如秋实是对春花的颂扬。

48

我就要远行,已了无牵挂。

星辰将在天空守望,

晨曦升腾在东边的海上。

时间是无垠的浩瀚啊,

而我只是霞彩中的一抹。

49

人生真的应该有悔呀!

峰回了路转,水穷了云起。

50

世上最美的风景,

常在人迹罕至之所。

天与地的相拥,

光与影的痴缠,

生与死的相依。

呵!我看到了。

51

冬雪接收了这世上——

枯萎的、凋零的、飘落的、挫败的一切。

又爱怜地拉上了白雪的帷幕,

悄然催生世上一切希望的种子。

并将这希望交给春天,

自己转身飘然而去。

52

淘气的男孩,

怎可残忍地把蚂蚁践踏?

或许有高于人的生灵,

正挑肥拣瘦地准备自己的晚餐。

53

一群小孩子,在生剖一只猫咪。

惨叫得凄厉,嬉笑得欢谑。

远呼未及时,

我心惊悚,泪如雨下。

54

命运为你打开一扇窗时,

顺手关上一道门。

而打开一道门时,

顺手却又关上了一扇窗。

55

死亡是伟大的休息,

正如冬风涤尽秋的纷乱,

迎来春的清新。

56

死与生在最清新的晨曦中交接,

之后又在最辉煌的晚照中换岗。

57

死亡扑面而来,

烛光炯照,

明朗无碍。

58

离开也是回家,

一如死亡,

使个体归于生命的浩瀚。

59

芊芊莽莽之间,

定然有一条通往那里的路。

虽然我还未找到,

但已然听到了未知的脚步,

嗅到了未明的花香。

60

我确信生命的真实,

除了月下的影,

除了影里的风,

除了风中的灯。

61

秋叶啊,请不要留恋地去吧。

明春欣然而归时,

莫忘今秋的忧伤。

62

我的爱常常没有对象,

它只是一道温和的光。

你无须回报,

我已不在那里。

63

世界啊,

我是哭着前来,

且许我笑着离开吧。

64

月影斑驳的林间，

是谁在阒无声息地疾行？

一丝风响，

一枚叶飘，

一声叹息。

65

躺在草地上，看暮色四合。

夏虫呢喃露出神秘的生命气息。

静寂处细听，草丛里似乎众声喧哗。

我猜想在无法触摸的虚空处，或许有另一个世界。

我们可以偶尔听到幽林深处传来的缥缈的歌声，

却看不到那神秘的歌者。

66

别了落花，分别珍重吧。

只愿明年的春天，

你我各无恙，再求相见。

67

就此吻别吧。

天空已亮起灿烂的霞彩,

大海潮落又潮起,天籁响彻四野。

又一场伟大的演出已拉开大幕,

而这一次演出,许我坐在台下,

做一名安静的观众吧。

68

风吹来远处的歌声,

风停了歌声也听不见了。

我心突然一揪:

那歌者,那歌声,都无恙吗?

69

栀子的白花,在月下将要凋谢了,

花蕊落下真的无声无息吗?

我只觉惊雷声声呢。

花香终会飘散,游人在风雨中归去。

只我在林间黯然,神伤于生命的无常啊。

70

我看到了,光明之海开出的莲花;

我听到了,满天诸神奏出的合乐;

我嗅到了,万千林木发出的馨香。

别了,我的朋友!

潮水已淡去了我的身影,

我已融入自然的浩瀚。

71

一滴雨，经年，还未落下。

干裂的土地，今天更加焦渴。

昨日之鬼低飞的翅膀，谁能看见？

乡愁弥漫，而故乡啊，您在何处？

没有雨，我只好以泪作雨。

72

一对小鹿在神秘的国度里欢跳，

林子里却传来忧伤的音符。

秋风吹彻，夕阳黄昏。

73

夕阳不甘地泯灭于苍苍茫茫，

无尽的叹息散落于无尽的风凉。

且住！当明晨第一声鸽哨响起，

东方将又出现万道霞光。

74

满耳都是雨声,

满眼都是雨丝。

我浑身发抖,

但不是因为害怕,

也不是因为寒冷。

75

而今只余,一襟晚照。

回眸处,无尽的长路啊。

76

林中的另一个角落,

是否有一个以另一种形式存在的自己,

在焦急而深切地呼唤着我的名字?

我也在惶急地追寻,

林径尽处的那个背影。

我听到了不知何处,

有人在吟哦我作的诗句。

77

明月在天,清影在地。

谁夜夜行走在寂寞的林间?

78

是前生曾经的相遇吗?

是来生提前的约定吗?

馨香缕缕,歌声细细。

朋友,且秉烛夜游吧,春色正好!

79

我为什么呼喊,在世界静谧的时分?

我为什么哭泣,在恬然自乐的国度?

我为什么要在自己的心湖,投下一块块巨石?

为什么你的灵魂不得安宁?

是爱!是爱让我心动不已——

我爱家人,我爱这天地,我爱这众生。

80

书窗外,万籁俱寂,

世界已沉沉睡去。

我独坐书窗下,

陪我的灵魂,

窃窃私语。

81

我,就是那个永远的异乡人。

我的脚步漂泊于灵魂之域,

心儿安静行走于知觉之外。

没有人告诉我前方是黑暗还是光明,

听,我的足音响彻银色的夜空,

我的呼吸随晚风在湖面上款款吐纳,

林鸟醒来又睡去,芦笛响起又沉默。

月儿无言,陪我孤独。

82

我看到了整个世界,光明而温暖。

也看到了时光之流,自洪荒而消弭。

我的心底升起庞大的虚空,

沉浸在安神的欢愉之中。

音乐自莲花深处隐约传来,

我与造物主面对面,微笑。

83

是谁在幽林深处,

吟唱歌曲?

是谁在深涧那畔,

舞姿翩跹?

是谁在我梦醒之时,

飘然而去?

是谁在透过阳光和尘埃,

逆光而来?

秋更深了,风更凉了……

84

风来前,请为我斟一杯酒。

雪飞时,请为我铺一盘棋。

人去后,请挂起青棉帷帘。

曲散了,请收好南山焦桐。

朋友,世事原就如此啊,

缘起相聚,缘尽相别,

哪里容许一味地恩怨难尽,

痴恋纠缠?

85

我是上苍的弃儿,

哪里有温暖的怀抱?

我在天地间流浪,

赤脚走遍千山万水。

行囊里只有寂寥,

只有风凉。

86

心爱的,你面容如此清雅俊丽,

目光如此明澈圣洁,

着一袭白衣,

婉转婀娜走过烟光弥漫的人间,

逗引我痴痴呆呆的目光。

87

仰望,是蔚蓝蓝的天;

俯察,是碧绿绿的海。

这一刻,心路清坦无限,

心空了无纤尘。

有泪盈眶,莫名其然。

88

于时光深处端然静默,

看流水温存东去无止无休,

日光与晨光揖让相接。

心中无悲无喜,

唯一执着于心的只有你,

因你而贪恋这人间的烟火。

89

日出彤霞,天边染花。

且容我在温煦清晨,

踏入雾中的花径,

寻觅生命的来路。

90

时光啊,你且随我前往,

经虹雨花瀑,荆棘歧径,

逡巡人世疾苦,

追寻人生欣悦。

91

啊,我看到了!

我看到了期遇一生的明光,

看到了明光照彻的人间。

时间在生死之间轮回,

唯有这道明光永不消匿。

92

日光倾城,月光倾城。

日月为明,明光照心。

皓皓精魂越陌度阡,

千万里,千万里,

我迎来了你。

93

且容我独自上路,

踏入荆棘遍布的隐秘山径。

天风为我吹,天花为我落。

歌声轻漾,爱如潮水来势汹涌。

汗水和泪水滴落,我自独行。

柳梢集

1

柳梢上，一镰新月升起来。

心爱的，你着一袭长裙，

分花拂柳，

走来人间。

2

在清晨醒来，

一窗阳光，

四林鸟声。

是谁踏着晨露轻叩我的窗？

红红的玫瑰来自谁的手儿？

举目望去，

一条小径穿过庭院的草坪，

伸向幽深的林中。

哎，莫非又是一个绮梦吗！

3

送花的人儿啊,你踏碎了多少晨露!

只为在我醒来之前,

用花朵和嫩枝为我装点一个座位吗?

可我怎么从未见到你。

每次醒来,只听到一声叹息,

随着风儿鼓起的裙角,

一并消失于远处的林径。

4

谁在叹息？谁在低语？

繁花密叶间吹来神秘的风。

一霎轻颤的缭乱拂过我的心，

花瓣惊惶地四处飘散。

我愕然四顾，

只瞥见一角蓝裙，

飘过玫瑰花丛，

不知去处。

5

放飞一只白鸽，

每天轻叩你的窗棂。

送一缕阳光、一份思念、一声祝福，

让你在爱怜四溢的目光中，

亭亭玉立。

6

心爱的,请许我——

用朴拙的芦笛,

羞赧地吐露滚烫的心扉。

7

心爱的,约会的时间到了!

请不要把时间浪掷于无谓的梳妆。

你清亮的眼眸,

正像那天际的星子;

你窈窕的身姿,

正像南塘的垂柳;

你自然的纯真,

胜过一切的修饰。

8

轻云笼月,

风动林梢。

我的长篙,

何时漫溯进你心的柔波?

9

樱桃红了,

芭蕉绿了。

春深的林海里,

愁坏了怀春的姑娘,

钟情的少年。

10

湖畔柳荫,

谁家的少年吟哦?

月下花丛,

谁家的女儿徘徊?

11

江南无边的春色,

思念如酒。

黄衫少女,

俏生生地倚着栀子树。

12

你何用吟诗呢,心爱的?

衣裙飘飘,

回眸浅笑。

这就是诗了!

13

花香氤氲,

柳意妖娆。

心爱的,我的兰舟,

何时驶进你的心海?

14

你是那株开满白花的栀子树,

每日静候在我必经的路口。

我要摘下那洁白的花儿,

并体察花的念想,花的情意。

在我倦累的时候,

为我送来的馨香和安慰。

15

杏花飘落,

游人阡陌。

最是那位少年,

诗书漫卷,白衣胜雪,

回身时那抹微笑,

让姑娘怦然心动了。

16

明湖上，晚晴天，

谁在放歌？

林下的姑娘，

你为何突遮赧颜？

17

姑娘在林中摆弄相机。

小伙儿在林中寻诗觅句。

在姑娘的照片里，

小伙儿就是那首诗。

在小伙儿的诗文中，

姑娘就是那帧美照。

18

心爱的，

我的笛在月下吹彻。

春日的杏子林，

只应随意歌唱啊。

19

请不要这样掉头而去,心爱的!

因果反复,

斯世堪怜;

痴爱未及,

人生苦短!

20

心爱的,还需我怎样明言?

我甘露似的微笑,

正凝在蝶翼般的眼睫。

21

心爱的,当你离去,

我绝望的心儿滴血。

我惶急地冲出花丛,

一个人在池边胡乱地奔走。

口里高喊着你的名字,

影子在地上写着狂草的书法。

我恨自己的羸弱配不上你的美丽,

我的庸常配不上你的非凡,

我的卑微配不上你的高贵。

我屡屡鼓起的勇气就像气球,

被你的华彩刺破。

22

我顾影自怜,

水中的白莲和红莲亭亭玉立。

不知何时,

你的围巾轻轻拢住了我的肩头。

我想逃走,

但是你的目光一如新月的清辉将我曼笼。

心爱的,我的身子在颤抖,

嗫嚅地不知说了些什么。

23

心爱的,真的可以吗?

真的可以如此近距离地亲吻你吹弹可破的脸蛋儿吗?

真的可以嗅闻你柔美如练的长发吗?

真的可以握着你柔若羊羹的小手儿吗?

真的可以亲吻你微微张开的红唇吗?

噢,心爱的,我真心害怕!

24

无云晴空,月光皎洁,

莲花闭合或者开放,

花香氤氲,歌子缥缈,

谁的裙影闪烁于南塘之畔?

25

相见总是无缘吗?

你唱着我从未听过的歌,

婀娜地飘过我半掩的窗子。

回眸相对时,两人都懵懵懂懂,

你走远了,走远了,

我才突然惊觉,

那歌曲竟曾和着我刚刚弹奏的节拍!

26

你月下吹箫,我只痴痴听着;

你风前起舞,我只呆呆看着。

我全力爱你,心爱的,

你为何只是默默地垂下珍珠般的泪?

27

你的果园已到了收获的时节，

果香沁满了每一寸空间，

饱满的果实直欲振翅而去。

我可以做那位采果的人吗？

时节已到，请任我随意采撷。

你若不愿，就请在秋风中关上院门。

28

心爱的，我停下了手中的笔，

从书案抬起头。

那松针折射的日光，

是我向你问候的话语。

那花园里吹来的风，

是我为你送来的慰藉。

29

藤儿婉约，

花儿唯美，

风儿清凉。

彩裙的姑娘啊，

你为何久等不来？

30

美人花侬，湖波照容。

山痕宛宛，林黛江青。

珠明玉暖，春心朦胧。

忆昔少年，阡陌偶遇，心跳怦怦。

擦身错过，旧约难凭，烟雨纵横。

而今倦游，杏子林里，樽酒重逢。

怎奈何清眸红唇，婀娜身轻？

31

这欢欣,

这快乐,

让整个世界旋转了。

四季随着这欢乐的洪流,

奔腾向前。

32

分明我做了一个梦,

梦境绮丽,

尚未相识的恋人一袭白裙,

在山谷间飘逸。

重新入梦时,

场景已变。

前世的恋人啊,

我何时能与你相识?

33

心爱的，你为什么突然静默？

微笑像波纹渐远渐逝。

迷离的双眸蒙上了浥露。

是什么原因让你这个可怜的人儿，

在本该大笑的时候沉默，

在本该欢愉的时候忧伤？

34

笛声穿林横波而来，

久立的少女，

为何突然哭泣？

35

乌篷听雨，

单衣试酒。

湖上的春寒啊，

正无边无际。

36

桃花乱打谁的舟篷?

烟新月旧,

与谁相依相从?

珠明水暖,

春已朦胧。

37

湖畔小楼春夜,

谁吹笛歌曲?

不如归去吧!

且凭一舸伴你,

南溪月下寻幽。

38

笛声穿林渡水,

越陌度阡,

去安慰你寂寞的窗。

病中的你,

可知我在远方的心痛?

39

风儿不吹,树儿不摇。

看我席地花下,

开启你远寄的书笺。

40

当年月下,紫萝花深,

少年轰饮,吸海垂虹!

而今憔悴,酒阑人散,

孤灯寒窗,久立未眠。

41

清波茫茫,

哪儿辨识少年的白帆?

倚岩的姑娘啊,

风儿已吹彻你的裙了。

42

雨疏,洒过庭院的青藤;

风骤,扫过尚未紧闭的窗。

这雨这风,如此令人不安。

病着的恋人啊,刚刚入梦。

43

秋风中的芦苇,空飘着素白的巾。

一生一世的爱怜,眼见成灰。

44

月夜里足音响起,

你轻轻走过我的窗。

月光皎洁,清露润湿你的眼睫,

晚风吹着你的衣袂。

就这样——

你夜夜走入我的诗,

安慰我这可怜的人。

45

一朵白莲,

含苞初放。

亭亭玉立于万千荷叶之上。

可怜的人儿,你为何却低下了头,

默然走开?

46

今晚的月儿,

也在思念自己的恋人吗?

轻柔而飘扬,

湿软而暗淡,

含着无奈的泪光。

47

心爱的——

我心如海，幽蓝深静。

是谁在暗夜里化作鲛人，

为我落泪成珠？

是谁在黎明到来之时，

为我扬波？

48

抱歉,心爱的,

我的面容有时痴痴呆呆,

我的眼神有时疯疯癫癫。

我自己也不知道

为何独坐一棵梨花树下,

望着天空发呆?

喃喃地对着水中的鱼儿,

都说些什么话语?

49

在生命中最重要的事,

就是与你相遇。

时间不早也不晚,

地点没有太多偏离。

晨光下的林溪,

暮色中的草地,

无数个偶然,

聚成了必然的相遇。

50

南浦相送,

月色如霜,

白衣胜雪。

相忘如何忘得?

当年正青春啊!

51

这笑声,

似乎前生旧盟,

车子又以一百二十迈,

错过了呀!

何时有缘重逢?

52

心爱的,你为何停杯?

奈何长笛吹彻啊,

杏子林清香浮沉。

53

心爱的,你为何流泪?

奈何树影摇曳啊,

湖畔月色如水。

54

爱呀,你是归航的标灯!

没有你,我如何越过那明目张胆的险浪,

躲过那心怀鬼胎的暗礁?

55

我从诗经里走出,

衣冠似雪,

在水之湄,

徘徊复徘徊。

已经历了三千年,

再世的你,

还无恙吗?

56

裸露你的灵魂,

裸露你的灵魂在语言里;

显现你的精神,

显现你的精神在举动中。

不要一味地隐涩吧,我的朋友,

请正面告诉我你的隐衷。

不要一味痴呆吧,我的朋友,

要恨就立即放手,

要爱就牵手一生!

57

休怪夕阳,

还有这夕阳下的波光鸥影。

休怪晚风,

还有这晚风中的渔歌声声。

相视时已是醉了,

何须开口,

已情定了一世一生!

58

晚凉似水,

衣袂飘飞。

我的爱像一片片落叶,

叹息着飘散在这寂寞的人间。

59

舞女，你为谁而舞？

飞旋的裙裾，

在讲着怎样的故事？

柔曼的玉臂，

缠绕几多的哀愁？

谁在怦然心动？

谁在定睛回眸？

60

不忍看西风残荷间，

那朵红莲。

月明中，

幽栏上，

误期的嫁女，

正清泪盈眸。

61

你快乐吗？

去问空谷中的芝兰；

你寂寞吗？

也问空谷中的芝兰。

62

风在飞舞，路那么长，

在漫无边际的黑幕里，

请你不要熄灭窗灯吧，

也不要停下你的琴弦。

迷路的旅人啊，

我已然听到了你的足音。

我的恋人，你的小舟已远，

湖面已恢复平静。

柔波微微，可那一点帆影，

还一直摇荡在我的心湖。

63

今天的青山,

别样的妩媚。

敞开所有的山径,

仔细地开满山茶。

粗心的恋人啊,

你为何掉头而去?

你的眼中充盈着怎样的迷茫啊!

64

我前世的恋人啊,

请不要在我书窗吹响笛笙。

你的叹息舞我衣袂,

你的目光牵我的悲情。

你不见神秘的鸟儿展翅远逝,

你不知沙沙的树叶也想安静?

你的诗人青春已逝,

只可一卷在握,

独立晚风。

65

晚风的天籁里,

哪一缕是你的咏叹?

万家灯火中,

哪一扇是你的书窗?

馨香千缕,

哪一朵开得最艳?

微雨蒙蒙,

哪一柄纸伞伴你走过青草池塘?

66

我前世的恋人啊,

请不要引我赶往你的林中。

我怕这一去难回,

空闻远山的钟声。

月儿已转过山角,

泉水呜咽泠泠。

林中路芊芊莽莽,

哪里辨识归家的幽径?

67

我前世的恋人啊,

请不要频频造访我的梦境。

梦境越是风光旖旎,

醒来越是苍白凄清。

不如就安居诗丛,

我的吟哦无须回应。

可为何又惝恍迷离,

不知是梦是醒?

68

心爱的,让我们默然相对。

而爱正穿行在我俩之间的风里,

在那喜怒哀乐的对望里。

69

我的爱人,你是天生的艺术家!

你轻步踏碎万千晨露,

白衣折射五彩霞光,

浅笑回荡天地之间,

群山与众生凝视谛听。

70

我的爱人,是你使我情不自禁展开画布,

是你使我的诗笔轻轻摇曳。

你是尘世与圣灵联络的使者,

你是拯救世界的旗帜!

71

我的爱人,我对你了解如此之多,

又如此之少。

你月光里的凝眉,

晨风中的微吟,

夕阳下的回眸,

我仍每每对之未明所以,

唯有注目罢了,

唯有心折罢了。

72

我在追寻中形成的思想，

因为你而得到锤炼和提高；

我在漂泊时存有的疑问，

因为你而变得澄清和明澈；

你激活了我在浑浑噩噩中升起的萌芽状态的灵感，

涌出了挚爱和智慧的激流。

73

抱歉，心爱的，

我不能做你的仆从。

若你同意，我愿做你的朋友。

你的华彩和高贵固然让我禁不住仰视，

但我柔弱的身躯里也有意象万千，

我敏感的思绪里也有群峰峥嵘。

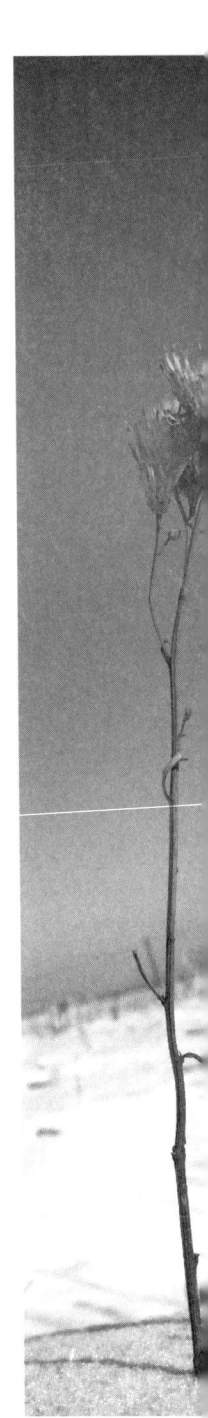

74

我的爱人,请许我执你的手,

走进黑暗的殿中。

钟声停歇时,

我的身躯已不再战栗。

因为你的歌声,

已将每一处虚空填满。

75

我的爱人,

请伴我在旭日下舞蹈。

言语已经不足,

而晨风不大也不小,

天气不热也不凉,

天地这方大的舞台已然搭好。

76

心爱的，我思念你。

于是我跋涉千山万水寻到你。

之后匹夫匹妇，柴米油盐，耳鬓厮磨。

我的文思曾经如河，

现在瘦成了一沟浅水；

我的诗笔曾经灵动，

现在文思全无。

我害怕了，悄然逃离了你。

77

我的爱人，

请从我清亮的眸子间，

去发现全新的自己。

78

爱人啊！不要向我掩饰你的皱纹，

每一个季节，

都开放应时的花朵。

79

我的爱人,

你爱我茶香氤氲,

托腮沉思。

我爱你蓝天苍穹,

划过的弧线。

80

晨光轻吻你的额,

花香湿润周遭。

醒来吧,我的爱人,

来拥抱新的一天。

81

我的爱人,

请不要怪罪我的痴绝。

三千的弱水呀,

我只爱最柔的那道微波。

七色的虹霓呀,

我只爱最美的那抹色彩。

82

我是一位倔强的歌者,

日日慰抚你的南窗。

我的爱人,不若与我归去吧,

日日在江畔对酌。

杏花春雨,

晴林雨竹。

莺歌柳浪,

鱼跃碧波。

83

绮丽的天花里,

谁的衣袂飘飞?

珠明玉暖,

谁与我隔枧相对?

84

晓风不吹,

晨钟不敲吧!

莫将爱人的春梦惊逝!

85

我的爱人,你是我世界的光明。

那阳光,那阳光下的沙滩;

那沙滩,那沙滩上的和风;

那和风,那和风里的眼波;

那眼波,那眼波里的爱情。

醉了,我的爱人,

醉在了爱的眼波和眼波中的和风,

醉在和风中的沙滩和沙滩上的阳光。

86

我的爱人，请许我在原野奔竞，

许我的呐喊伴着雷和电，

许我的狂舞带来雨和风。

对！是那飓风，天门大开，

天风奔走，我的大笑充塞整个的天空。

我的爱人，我累了，累倒在你的芳甸，

我醉了，醉倒在你的梦中。

87

水是温柔的，

一如我爱人的眼眸。

可别惹水动怒啊，

你可曾见险流的拍岸，

可曾见海潮的怒吼！

88

停下你无益的求索吧,我的爱人!

些微的获益岂能弥补你时间的损失?

请在晨风中走过河边的花径吧,

碧柔的小草悄悄亲吻你嫩藕般的粉足,

熹光中飘散的长发构成永恒美丽的剪影。

89

我的爱人,

请在夕照里完全地享受清闲,

看晚风与云朵嬉笑,

吟诵我赠你的诗篇。

河水激动地翻涌,

鱼儿一跃而逝。

我会在夜晚到来之前回来,

请等待我的归帆。

90

你微侧着梳理黑瀑般的秀发,

我嗫嚅着酝酿着诗句。

我想说"你好美呀",

可又怕你笑话我的诗句毫无文采。

可是,我爱,

世上哪有清词丽句,

足以描绘你回眸浅笑的迷魅?

人间哪有婉转歌喉,

足以歌颂你婀娜莲步的华彩?

91

荷叶遮阴，花香氤氲，

时光簌簌往回。

五月渔郎相忆否？

小楫轻舟，

梦中已驶入芙蓉深处。

92

你何时到来?

春草已遮掩了小径,

日光晨光交替相邀,

你竟还不到来。

我从天明等到天暮,

再从天暮等到天明,

你竟还不来。

我泪眼婆娑地凝望来路,

环佩足音何时响起?

阡陌集

1

阡陌间,我停下了匆匆的脚步,

在晚风鼓荡中怔然良久。

我忘记了当初为什么出发,

也恍惚了前行的方向。

2

回望来路苍茫,

一条蜿蜒小径通向草莽之间,

秋寒漫天漫地逼仄。

我在天地之间成了一名孤儿。

3

我能认识什么呢?

苦苦追寻,却更会触摸无知的边缘。

巨大的无限令我默然无语。

孱弱如我者又何能改变世界之一隅呢?

既然死神在路的尽头冷然守候,

我的汲汲孜孜为求何来?

只有独立千峰之上便了,

披一野秋风,浴一身冷月,独自清泪潸然。

4

我为什么呼喊,在世界静谧的时分?

我为什么哭泣,在恬然自乐的国度?

我为什么要在自己的心湖里投下一块块巨石?

为什么我的灵魂不得安宁?

是爱,是爱让我心动不已,

我爱这个时代,

我爱这个国度,

我爱芸芸众生!

5

神秘的道路有两条,

一条向外远眺,一条向内观照。

远眺导致我们将神圣从最远的星球赶走,

内视却又虔诚地将神圣迎回心中。

6

为什么追求真理的路上荆棘丛生?

为什么善良常常被恶意利用?

为什么美的外表下暗藏丑恶?

为什么世人不再相信一切的神圣?

我仰望星空,泪眼蒙眬。

7

我的朋友,别问我为何清泪潸然。

我的劳碌并非缘于高贵的勤奋,

而是为了排解无聊、孤独、烦;

我的潇洒并非放达,

而是为了填补空虚、寂寞、冷。

我冲刺在人生的路程中,不敢有片刻的悠闲。

我用手疯狂地拍打着我的额角,

喃喃重复着高更的追问——

"我从哪儿来?我到哪儿去?我是谁?"

8

你是谁?你从哪儿来?你到哪儿去?

门卫先生,你的发问,

每每让我默然驻车,沉思良久。

9

我是谁？谁是我？

不，你眼前的这个人不是我，

或者只是我的无关紧要的一部分。

这是我的姓名，那是我的称谓，

这是我的身份，那是我的社会关系。

这一切都只是包裹我的外套，

内在的"我"有谁认识呢？

10

我知道这尘世之上，有一个巨大的虚空。

我知道这虚空之内，有一个巨大的永恒。

我知道这永恒之间，有一股圣洁的清泉。

我知道这清泉之水，终会洗亮我的眼睛。

11

我已旅行很久,

久得忘了何时出发、为何出发,

以及向哪里进发。

我在月下敲响每一扇门,

可仍未找到属于我的那一扇。

我仰望虚空,泪雨滂沱——

这是哪儿呀?哪儿才是我的家?

然而,没有回答,

天地间只有我的回声。

我的哀叹化成了天风,

吹遍地上的每一个角落;

我的泪水聚成了洪流,

泛滥了整个的世界。

12

我的朋友,谁能说清楚这世界所有的神秘呢?

我的目光越过了千山万水,

直至玉宇霄汉。

可我的思绪所及又怎抵宇宙之一隅呢?

永恒的宇宙永远在我不可思议之外。

而当我蹲下来注目一只蚍蜉时,

又怎知它在须臾之间经历了怎样的万千波澜!

在神性的无限里,

银河只盈一匙,

而蚍蜉却不啻巨灵啊!

13

怕就怕庸常时分的闲适以及由此而来的空虚,

怕就怕成功之后的自满以及由此而来的无聊,

怕就怕忙忙碌碌却不知前路通往何方,

怕就怕宴聚之后的一钩残月凉如水。

14

每一个生命都本应令人敬仰,

每一个侏儒都是潜在的巨人。

在凡尘中浑浑噩噩,庸庸碌碌,

他是忘记了自己出身的王。

15

我孤单地站立在宇宙之间,

后面微观之极致是虚无,

前面宏观之极致是无限,

中间的我四傍无依。

这世界如此之大,

何处寄寓我的身体和灵魂?

这世界似乎在刻意回避着我,

我也确乎刻意回避着世界。

16

抱歉,我听不到过高或过低的声音,

看不见过大或过小的事物,

过亮或过暗,过热或过冷,

过于热情或过于冷漠,

过于崇高或过于卑贱,

都进入不了我的视界。

就像远方的山谷开满桃花,

山外懵懵懂懂的我又怎会觉察呢?

17

噢,我的文字,

你为啥常常全然地言不由衷?

就像风中的落叶,

就像水中的浮萍,

哪里是你要去的方向?

18

我注目一枚秋叶,

听它在雨中呢哝,

也嗅到了秋天的清香。

这秋雨中绵长的秋情、秋凉、秋思、秋恨,

以及概而括之的秋愁,我又能领会多少呢?

19

我的眼中是一个世界,

我的心中是另一个世界,

触摸到的、听闻到的甚至于嗅到的,

都是一个个各不相同的世界。

然而真正的世界,

那个终极的、永恒的、无限的世界,

孱弱如我者又怎生得知?

20

哲学一直在寻找,

寻找寄寓众生的沙洲。

可天光云影,水色空蒙,

伊人何处?

徒生乡愁。

21

爱呀,是你连接了亲子,

连接了村落熟人和陌生的过客,

连接了日月星辰天地万物,

连接了春夏秋冬古往今来。

我该怎样赞美你!

谢谢你抚慰我的寂寞,

并理解我的负累。

谢谢你,

许我像一个孩子,

依偎于你的身边。

22

风儿送来花儿的馨香,

蜂和鸟儿在林间尽情地歌唱。

闲暇须得好好享受啊,

因为忙碌会让皱纹爬上额头,

让白发诉说哀伤。

23

哪里飘来神秘的箫曲?

谁在吟唱神秘的歌谣?

圣殿的箴言何时书写?

谁在晚风中站成了雕像?

24

摆上一朵花,

点上一炷香,

打开窗子,

让天国的风儿吹来。

25

一枚落叶飘零,

上面有一只蚂蚁。

哎,蚂蚁只知一叶寄寓,

又怎知叶外有枝,

枝外有树,树外有林,林外有山,

山外又有大千世界,亿万生灵……

我突然心悸了——

在永恒博大的造物主眼前,

我又比蚂蚁大多少呢?

26

月色如水,

星斗阵列,

草间传来馨香夜气,

林中响起美妙歌声,

世界如此玲珑剔透,

美丽得让人目瞪口呆。

我的朋友,

请停下你驰突奔竞的脚步吧,

且在风前衣袂飘飞。

27

多少心愿啊,跪拜的人儿!

你四方寻找神灵,

焚香顶礼膜拜他们。

岂知神灵根本就不在那里。

神灵恰恰就是你的父母,

在你的家里,在你的心中啊。

泥塑木胎,白白承受如此香火。

28

我以有限之身,

裹挟于无限之中,

思绪四处奔竞无从逃逸。

请许我,请许我默默垂泪吧。

29

真正的哲学嘲笑哲学,

真正的艺术讥讽艺术,

真正的道德蔑视道德。

30

我只想真诚地活着,

作为一个人,成为一个人。

31

是的,我原是一位猎手,

手指常常就扣在扳机之上。

但前方迷雾重重,

哪里是要瞄准的目标呢?

若不然,

还是让我做一名勤勉耕作的农夫吧,

种瓜得瓜,种豆得豆。

32

独坐危峰,思考自然的无限,

也思考思想的无限,

没有比这更惊心动魄的了。

为什么趋骛真理、正义、幸福、无垠和永恒,

达到却常常是谬误、罪恶、不幸、有限和无常。

33

独坐大河之源,

独坐星宿海边,

独坐雪山中间。

有风从苍穹吹来,

红尘已远。

34

闭上眼睑,

敞开心门。

放空,开放,

沉默于沉默之中。

哭泣,却无言以对。

全懂,但我不说。

35

生命之间,

一定有某种真实的关联。

无须通过话语,

无须命令或祈求,

无须询问或应答。

一个手势的相和,

一个眼神的同频,

一瞬间的心动。

谢谢你,我已全然懂得。

36

此刻，我自然知晓人生的真实。

但十分抱歉，心爱的朋友，

我既无法告诉你真实的内容，

也无法告诉你真实的缘由。

37

一只蟋蟀，生于春，死于秋。

生命于它，只有三季。

一只蝉儿，生于夏，死于秋。

生命于它，只有两季。

一只蚍蜉，生于须臾之前，死于须臾之后。

生命于它，只有一瞬。

人的生命亦如斯呀，我的朋友。

生于生，死于死。

在历史长河中，不只是一朵浪花吗？

在宇宙洪荒里，不只是一瞬光阴吗？

38

天女散花,

只有寥寥数人抬起了头,

看到了这绮丽、这神圣。

多数人在低头赶路和辛苦劳作,

那花瓣拂过了他们的鬓角,

寂寥地落入泥土,渐无痕迹。

39

哲学发问,

诗人回答。

40

暮色四合时,我常常默默不语。

惆怅那么清晰地漫逸心头,

为何惆怅却难以分辨。

41

独立小桥,晚风满袖,

平林新月,伊人何在?

哎,不如归去,不如归去……

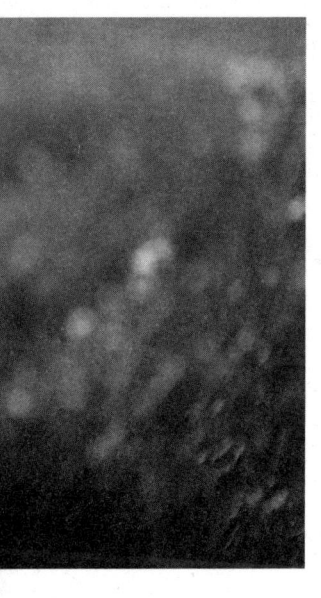

42

我是一个居于寻常巷陌的青衣白丁,

像一棵树独自站立在秋风里。

是的,一棵孤独的树,

四傍无依。

43

我把我的身份证丢了,

我竟无法证明我是我。

我写出了我的名字,

我袒露了我的面庞,

我喊出了我的方音,

我跳出了我的舞蹈,

我拿出了我的拙作,

甚至我裸出了我的思想。

但是,警察先生,

我为什么竟还不是我呢?

44

我是一个孤独的歌手,

自弹自吟无人能懂的曲调。

天际星子流浪,

野风弥漫荒园,

思绪向远方跑去,

寻觅他的知音。

45

自由!你是焰火硝烟里的旗帜,

你是前路微明的熹光。

你以无限冲动,

克服必然拘缚。

你树起宇宙间最大的真理。

46

灯塔,迷雾中的指示。

而心中的迷路呢,

又能靠谁指引?

47

我们是深夜的旅人,

走在茫茫的原野。

辨识不出要去的方向,

也失去了来时的路径。

48

不敢凝视那方蔚蓝,

天空里有神秘无限。

不敢指点那片广袤,

大地上有万水千山。

请闭上眼吧,

且置身这万水千山,

且置心这神秘无限。

49

不要听他都说了些什么,

而要听他没有说什么。

文字,有时是思想的樊篱;

而缄默,却常常产生惊人的力量。

50

真正的艺术,是极拙中的极巧,

也是极巧中的极拙,

一切循着自然的节奏罢了。

51

拂晓凭栏,周遭景物渐显——

花圃之外是田园,

田园之外是平畴,

平畴之外是天地。

一缕晨风送来神秘气息,

一颗清露折射大千世界。

52

朋友，不要问我为什么狂喜，

我的喜悦关乎世界；

朋友，不要问我为什么哀愁，

我的哀愁牵系众生。

53

我是孤独的行者,

前方是无尽的行程。

无人与我同一个方向,

我将独自忍受旅途骤雨暴风;

也会独自欣赏风雨后的彩虹。

54

我曾是一位熠熠赫赫的天神,

自我放逐在卑下的凡尘。

我的哀痛缘于我曾是彼岸世界的天神,

我的骄傲也缘于此。

只是秋风太冷,只是秋月太明啊!

55

乌篷船拐入桃花掩映之所,

再现时已是豪华游轮。

小推车吱吱呀呀推过山径,

山角转后却是通衢大道,

汽车呼啸绝尘。

勒着白毛巾的后生和穿着碎花衣的姑娘赧颜相视,

镜头一转却变成了戴眼镜、着华装、操英语、谈公事。

这是怎么一回事呀?

这一幕一幕的故事却是怎么变化?

宇宙怎可如此风流云转?

跋一：诗，应成为国人的信仰

此诗非彼诗，它与科学、哲学并列，属于信仰层次。

常有人哀叹当下国人没有信仰，没有道德底线，指之确切，言之凿凿；又艳羡"国外的月亮圆"，似乎是一洋遮百丑。人无法选择自己的母亲，也无法选择自己的时代和祖国。与其哀叹，不如建构——尽管这实在是一项任重道远的任务。但"路漫漫其修远兮，吾将上下而求索"，不正应为我辈知识分子的精神诉求吗？

当下国人应有信仰，这是毋庸置疑的。但信仰什么，却是值得大大商榷的。是神吗？我们早已告别了"神的时代"，并且国人本无普遍的宗教信仰，再让大家虔诚地跪倒尘埃，无异于痴人说梦。是领袖吗？我们正在走出"英雄的时代"，侬靠三呼万岁，锦衣治国来凝心聚力已不需要，也不可能，更是可笑可憎，瞧瞧我们近邻就明白了。我们已走入了"人的时代"，而"人"的信仰应有新的指向。同时，信仰是有层级的，其中个我的、集体的、族群的、政治的、社会的目标都有可能成为一个人、一群人的持续时间或长或短的信仰。那有没有一种东西有可能成为当下国人的普遍意义、终极意义的信仰呢？

若有，其为诗乎？！

我国素有诗的传统，所以古之书生"不学诗，无以言"。即便当今，以汉语为母语的孩子，三岁无不吟"鹅，鹅，鹅，曲项向天歌"；十岁无不诵"欲穷千里目，更上一层楼"；一进入青春期个个都成了小诗人，写一些与"红豆生南国，春来发几枝"之类的诗歌；成年后诗却在大部分民众心灵深处安睡，奇了怪了！

无信仰的人们因缺乏自律而易放弃底线恣意妄为，即便国家实施严刑酷法，也最多只是"不敢""不能"，而与"不愿""不屑"相差何可以里计！诗意消遁的人们的状态堪忧乃至可怖啊！我们可以不再重复提及那些俯拾皆是的负面例子吗？揽镜自照、每日三省之时，你我真的没有过一丝惭愧和后悔？

  我们伟大的祖国在走向富强的同时，也正在走向民主。与之同步，新一轮的新文化启蒙运动正在酝酿，且必将到来，我们已经隐隐听到了它呼啸前行的胎噪风声。如果说一百年前的新文化运动是散文革命的话，这一轮的启蒙运动应是诗的革命、诗的回归。它需要每一位国人的推动和参与，尤其是知识分子应率先报告春江水暖的讯息。

  书生报国无他物，唯有手中笔如刀。我虽三尺微命、一介书生，但也想用纤笔一枝谨奉愚忱，与天下同仁一起努力，使得一声声微弱的呼唤终能汇成窾坎镗鞳的洪流，涤荡假、恶、丑、俗，激扬真、善、美、圣，促使伟大的东方民族重新皈依于对诗意的敬畏、尊重、认同、践履，使凯歌行进的国家清风鼓荡，诗意斐然。

王志山

2017年9月10日
于河南大学生命教育研究中心

跋二：且凭樽酒唱俪歌

在2017年早春,《生命教育诗语》三卷与《生命教育》教材八卷同时成稿。前者为我独著,后者为我与著名教育学者张文质老师共同主编。两套作品一并呈于中国教育学会名誉会长、国家教育咨询委员会委员顾明远教授,以及中国陶行知研究会会长、原中央教育科学研究所所长朱小蔓教授的案前。两位先生欣然担任《生命教育》《生命教育诗语》的学术顾问,提出了宝贵的指导意见,并在付梓时亲自撰写序言和推荐语。何其有幸!

《生命教育诗语》首次付梓12卷,各卷主题分别有所侧重。其中,"天籁集"歌咏自然,"樽酒集"寄寓乡愁,"古树集"敬畏生命,"初月集"赞美儿童及成长的力量,"风桥集"表达诗人何为,"彳亍集"反思死亡真蕴,"柳梢集"抒写爱情,"阡陌集"指向信仰,"沈吟""行吟"是带有题目的抒情长诗,而"俪歌""铙歌"则分别为偏婉约和偏豪放的歌词。

我的"亲导师"顾明远先生(博士后导师)、周洪宇先生(博士后导师)、刘济良教授(博士后导师)、路日亮教授(博士生导师)、汪基德教授(硕士生导师)、李宏斌教授(学士导员)、王轶君女士和李慧薇女士(诗词老师),还有虽非学校指定导师,但实尽导师之责的朱小蔓先生、董泽芳先生,对本书从立意到创作,从修改到定稿,全时过问,全程推动。尤其是顾先生亲撰序言并亲题书名,朱先生抱病撰写序言。我是你们的及门弟子,感谢你们对本人的指导和对本书的提点。当今教育学者之王定华教授、郭戈教授、刘贵华教授、高宝立研究员、程虹教授、梁留科教授、时明德教授、刘岸英教授、张文质老师、冯建军教授、刘铁芳教授、李政涛教授、王鉴教授、杜静教授、李桂荣教授、袁赞礼博士、赵丹妮博士,以及河南大学刘先锋主任、河南师范大学康淑霞书记、郑州师范学院樊应选主任、河南省幼儿师范学校李晓红主任、河南财经政法大学张玉华博士,我是你们的著录弟子,感谢你们对本人的支持和对本书的鼓励。此三卷"诗语"原为济南出版社总编辑朱孔宝研究员与我诗词唱酬而"引逗"出来的,并被济南社张雪丽主任率团队进行认真编辑,后因故转至教育科学出版社重新三审三校并付梓见书。教育科学出版社教师教育编辑部刘灿主任、责任编辑闫景师妹付出了很大的心血。刘主任还虑及诗集其实是以诗歌形式表达生命教育学术思想的学术著作,故建议将书名从《生命诗语》改为《生命教育诗语》。教育科学出版社、济南出版社的老师们编校的这套"学术诗集"清新雅致,令人惊喜。我指导的研究生李一鸣同学设计了封面,齐彦磊、沈芳、徐俊丽、甄慧娜、林琳、隋健平、王欢等几位同学参与校对,立德树人教育集团贾西贝董事长、商丘中学杨中位董事长、上蔡县教育局陈水献局长、上蔡二高黄志刚校长与刘新改老师、唐河一中石媛校长、成都南华中学邓丽娟校长提出很好的修改意见，贾董事长和台湾的洪朝祥还提供了精美的图片。同时，全国教育科学规划领导小组办公室、河南大学、洛阳师范学院、郑州师范学院对《生命教育诗语》的出版给予了支持。谢谢各位师长、领导、同仁、同学！

朱小蔓先生以"天地人心的深情探访，生命教育的学术致思"来概括"诗语"，诚哉斯言！

赋诗之时，指尖流水，文思泉涌，在思与诗的王国里淋漓醉墨、纵横恣肆；修改之时，却是战战兢兢地推而敲之，大改者九，小改者百，只恐谬种流传，贻笑大方。初始指落键盘之际，飞雪弥空，琼瑶遍地，时值隆冬时节；而今付梓之时，枫红荻白，云肥风瘦，竟历两年又中秋。时光匆匆，太匆匆！

诗文既成，联袂长啸。是时斋外有庭，庭中有竹，竹边石几一条，几上清酒一觥，竹香入酒，诗意氤氲。灵犀相通的朋友啊，不知您此刻身在何方？您若与作者同代，请莅临寒斋把酒言欢，可好？您若千百年之后才在故纸堆中偶遇此卷，则我已成古人。穿过岁月风烟，字里行间还觉心跳滚烫吗？石上酒杯仍留竹香如许吗？

2018 年 9 月 10 日
于河南大学生命教育研究中心